結晶化学への招待

結晶とX線

宮前 博 著

三共出版

まえがき

　昨年，2014年は国連総会が宣言した世界結晶年（International Year of Crystallography）でした。「世界〇〇年」というのは1957年の「国際地球観測年（International Geophysical Year）」に始まるとされています。世界結晶年はX線結晶学のはじまりを告げたラウエの回折理論（1912年），ブラッグ親子による最初のX線結晶構造解析（1913年）が，1914年にラウエへ，1915年にブラッグ親子へのノーベル物理学賞受賞百年にちなんだものです。世界結晶年では社会で役立つ結晶についての認識を広めようと，各国でさまざまな催しが開かれました。

　この本は，結晶についてそれがX線と相互作用することによってどのようにして原子配列が求まるのかを歴史を通じて紹介しようとした試みです。いえいえそればかりではありません。化学物質だけでなくても結晶と似た構造をさまざまなところで見つけ出すことができます。実際の結晶だけでなく，ちょっと立ち止まって身の回りで探し出すヒントを見つけて欲しのです。

　本書の構成は，まず回折の技術によって物質の構造が明らかにされるまでを概観して，2～4章で結晶内の原子・分子の配列についての制限を取り上げます。3年生の他の科目で対称性の議論が必要になるはずですが，そのための準備も兼ねています。X線については5章で，その発見と発生の仕方，および検出法を簡単に述べました。この5章と続く6章は歴史的な経緯を記しています。6章ではX線による結晶構造解析を始めた先人たちの機転の効いた発想も，さらにその先人の残した足跡を読み取ってなされていることを取り上げました。そして7～9章が回折の理論的背景です。X線は電子との相互作用で回折現象を解釈できます。そして結晶の周期構造がもたらす現象を見ます。10章は実際の測定，解析がどのように行われ，その意味する所を述べました。11章は結晶構造解析で出会った，実際の経験です。ここで，7～10章で取り上げられなかった回折で生じる異常現象についても取り上げています。異常といっても役に立つものもあります。12章はX線以外の波動について概略を見ます。

　X線結晶学の最近の進歩については大橋裕二先生が詳しく述べた本があります（『結晶化学－基礎から最先端まで』，裳華房）。また大橋先生は以前にX線結晶学構造解析の全般にわたる書も手掛けておいでです（『X線結晶構造解析』，裳華房）。実験についての進歩の詳細は，大場茂先生と植草秀裕先生の共

著が最近出ました（『X 線構造解析入門—強度測定から CIF 投稿まで』，化学同人）。これらとの関係では，現象を見る方法を提示している点を見ていただけると幸いです。

　本の元は化学科の 3 年生向けの講義です。講義の中ではちょっとした息抜きのための「コラム」や「休憩室」あるいは「実験」を取り入れています。いくつかの実験やカラー写真は HP でご覧いただけるはずです。

　講義では，それぞれの項目を話していけばまとまったものになってくるのですが，本にするとなると，体裁を整え，重複を削りと，大変なことがわかりました。原稿をまとめるにあたって，秀島功さんには大変ご迷惑をおかけしました。辛抱強くお付き合いしていただいたことに感謝します。何とか世界結晶年 2014 年に間に合わせようと努力はしましたが，途中で息切れしてしまったことに憂いが残ります。

2015 年 3 月 10 日

著　者

目　次

1　結晶とは

1-1　はじめに ……………………………………………………………1
　　1-1-1　結晶にもつイメージ ………………………………………1
1-2　結晶に見られる規則的構造 ……………………………………2
1-3　周期性の現れない敷き詰め構造 ………………………………7
1-4　2次元周期配列に許される回転対称 …………………………8

2　結晶の対称性 I ― 32 の晶族（点群）

2-1　結晶内で許される回転対称 ……………………………………10
2-2　反転を含む対称 …………………………………………………11
　　2-2-1　反転対称 ……………………………………………………11
　　2-2-2　投影表示 ……………………………………………………12
　　2-2-3　鏡映対称，その他 …………………………………………13
2-3　対称要素の組み合わせ …………………………………………14
　　2-3-1　主軸と垂直な2回軸の組み合わせ ………………………14
　　2-3-2　主軸と鏡映面の組み合わせ ………………………………16
　　2-3-3　互いに交わる鏡映面 ………………………………………18
　　2-3-4　立方体の対称性 ……………………………………………18
2-4　32 の結晶系（晶族） ……………………………………………19
　　2-4-1　晶族の小分類 ………………………………………………19
　　2-4-2　対称性の有無による分類 …………………………………20
　　2-4-3　対称性の高低による分類 …………………………………21
2-5　点　群 ……………………………………………………………24

3　結晶の対称性 II ― 7 つの結晶系・14 のブラベ格子

3-1　結　晶　系 ………………………………………………………26
　　3-1-1　対称性に由来する結晶軸の取り方 ………………………27
3-2　周期構造と a, b, c 軸の選び方 …………………………………29
　　3-2-1　並進成分の選択法 …………………………………………29
　　3-2-2　複合格子の選択 ……………………………………………30

 3-3 14のブラベ格子 ……………………………………………31
  3-3-1 7つの結晶系と14のブラベ格子 ………………………31

4 結晶の対称性Ⅲ―並進操作を含む対称要素，空間群

 4-1 映 進 面 ……………………………………………………35
  4-1-1 映進方向と表示記号 ………………………………37
 4-2 らせん軸 …………………………………………………39
  4-2-1 回転軸との組み合わせで生じるらせん軸 ………39
  4-2-2 らせん軸の表示法 …………………………………40
 4-3 空 間 群 ……………………………………………………42

5 X　　線

 5-1 X線の発見 ………………………………………………47
 5-2 X線の発生 ………………………………………………48
  5-2-1 X線管球 ……………………………………………48
  5-2-2 加速電圧と発生するX線の強度 …………………49
  5-2-3 特性X線とモーズレーの法則 ……………………50
  5-2-4 放 射 光 ……………………………………………50
 5-3 X線の検出法 ……………………………………………53

6 人類初のX線結晶構造解析
―NaClとKClの結晶構造の決定とミラー指数

 6-1 LaueとEwaldの出会い ………………………………56
  6-1-1 人類初の回折実験 …………………………………56
 6-2 Bragg親子の登場 ………………………………………56
  6-2-1 NaClとKClの回折像についての予備知識 ……57
 6-3 有理指数の法則とミラー指数 …………………………58
  6-3-1 直交軸系の格子での面間隔の計算法 ……………60
 6-4 単結晶を利用した回折パターンの測定 ………………61
  6-4-1 ブラッグの式と測定装置 …………………………61
  6-4-2 回折斑点の解釈 ……………………………………63
  6-4-3 鉱物学者の考えていた結晶構造 …………………63
  6-4-4 ブラッグの解釈 ……………………………………64
  6-4-5 KCl構造の解釈 ……………………………………65

- 6-5 結晶の密度と X 線の波長 ……………………………………… 65
- 6-6 まとめ ……………………………………………………………… 66

7 波の表現―波動運動の複素数による表現とオイラーの公式

- 7-1 波 …………………………………………………………………… 68
- 7-2 複素数と複素平面 ………………………………………………… 68
  - 7-2-1 複素数表示の便利なところ ……………………………… 69
  - 7-2-2 共役複素数 ………………………………………………… 70
- 7-3 フーリエ級数 ……………………………………………………… 70
  - 7-3-1 フーリエ変換 ……………………………………………… 70
- 7-4 フーリエ級数展開 ………………………………………………… 72
- 7-5 フーリエ係数の決定 ……………………………………………… 76
- 7-6 フーリエ変換の表現 ……………………………………………… 77
  - 7-6-1 複素フーリエ級数の便利なところ ……………………… 78
  - 7-6-2 たたみこみ ………………………………………………… 78
- 7-7 フーリエ合成 ……………………………………………………… 78

8 結晶と X 線の相互作用―回折理論

- 8-1 横波の回折と干渉 ………………………………………………… 80
  - 8-1-1 2 つの波源からの波の干渉 ……………………………… 80
  - 8-1-2 1 つの波源からの波が二重スリットを通って起こす干渉 … 81
- 8-2 Coherent な波 …………………………………………………… 81
  - 8-2-1 回折格子の配列と回折模様 ……………………………… 82
- 8-3 1 次元格子による散乱 …………………………………………… 84
  - 8-3-1 回折条件 …………………………………………………… 85
  - 8-3-2 より一般的な回折条件 …………………………………… 85
  - 8-3-3 3 次元格子からの回折 …………………………………… 86
- 8-4 h, k, l の意味 …………………………………………………… 86
  - 8-4-1 ベクトルの積 ……………………………………………… 86
  - 8-4-2 スカラー三重積 …………………………………………… 87
  - 8-4-3 結晶内の平面を考察する ………………………………… 87
  - 8-4-4 h, k, l の意味のまとめと逆格子ベクトル ……………… 88

9 構造因子―電子密度と回折強度および消滅則

9-1　X線を散乱するもの…………………………………………91
9-2　原子散乱因子（原子という窓からの散乱）………………91
　9-2-1　原子散乱因子とは………………………………………91
　9-2-2　電子数の等しい原子・イオンの散乱因子……………93
9-3　回折強度と構造因子………………………………………94
　9-3-1　構造因子…………………………………………………94
　9-3-2　構造因子の性質…………………………………………94
　9-3-3　複合格子の消滅則………………………………………97

10　X線回折実験―データ測定・空間群の決定・データの評価

10-1　実験に用いる回折条件……………………………………102
　10-1-1　ブラッグの条件という表現……………………………102
　10-1-2　エワルドの条件という表現……………………………103
　10-1-3　限界球……………………………………………………104
10-2　逆格子の配列と回折図形…………………………………104
10-3　回折データの収集…………………………………………106
　10-3-1　結晶を選んで回折装置にセットする…………………106
　10-3-2　予備測定の後，自動で測定する………………………106
　10-3-3　補正のためのデータを取得しておく…………………107
10-4　結晶構造を解く……………………………………………107
　10-4-1　空間群の決定……………………………………………107
　10-4-2　構造を解く………………………………………………108
　10-4-3　$F(000)$ の意味…………………………………………108
10-5　構造決定の例（構造因子の意味）………………………109
　10-5-1　1次元データで見るフーリエ合成……………………109
　10-5-2　2次元データ……………………………………………111

11　X線結晶構造解析の実際
　　　―思わぬハプニング・低温実験でのトラブル

11-1　通常は結晶をキチンと選べばトラブルは起きない………114
　11-1-1　グラニュー糖の構造解析………………………………114
　11-1-2　トラブル…………………………………………………118
11-2　補　　正……………………………………………………119

  11-2-1　ローレンツ因子と偏光因子 ……………………………119
  11-2-2　吸収補正 ……………………………………………………120
 11-3　結晶格子が教える組成情報と実例 ……………………………124

12　X線以外の波動を利用した回折
——電子線と中性子線についてちょっとだけ

 12-1　X線との比較 ………………………………………………………131
 12-2　波　　長 …………………………………………………………131
 12-3　電子線回折 ………………………………………………………132
 12-4　中性子線回折 ……………………………………………………133
  12-4-1　散乱因子 ……………………………………………………133
  12-4-2　核スピン ……………………………………………………134
 12-5　X線の粉末回折データの利用 …………………………………136
  12-5-1　リートフェルト解析 ………………………………………136

参考書……………………………………………………………………………138
索　引……………………………………………………………………………140

 コラム　周期性を持たない図形による平面の埋め尽くし
   （ペンローズ模様，ペンローズ・タイル）……………………23
  自然界で見られる対称模様………………………………………23
  立方体「432」の対称要素数 ……………………………………26
  身の周りの適度に周期性のある形や構造物を探せ……………33
  街で見られる並進対称と映進対称………………………………38
  江戸の模様を眺めてみよう………………………………………38
  並進を回転操作と組み合わせる「らせん」……………………39
  江戸の伝統模様：紗綾形…………………………………………44
  可視光とX線の激しさの比較 …………………………………52
  エネルギーのeV 表示……………………………………………52
  回折装置の進歩と解析対象………………………………………54
  周期的なパルス（box 関数）を描いてみる ……………………74
  回折格子と回折パターン…………………………………………83
  結晶構造データの集積 …………………………………………113
 休憩室　言葉で対称性を楽しむ—回文（1）……………………………25
  言葉で対称性を楽しむ—回文（2）……………………………34

言葉で対称性を楽しむ―回文 (3)……………………………………45
回文の音楽版 ………………………………………………………101

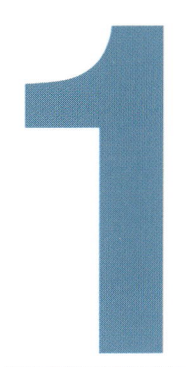

1 結晶とは

1-1 はじめに

2011年ノーベル化学賞は，準結晶（quasicrystals）の発見に対してD. Shechtmanに授与された。そこで世の中では結晶と結晶以外の境界線がわかりにくくなってきたような気がする。準結晶は結晶なのかどうかという点はちょっとおいて，ここでは従来の結晶概念から見ていくことにしよう。

1-1-1 結晶にもつイメージ

まず「結晶らしい結晶をあげてみよ」というと，普通は雪だとか水晶をあげ，さらに実験で作ったことのあるミョウバンや身の周りから見つかる食塩やグラニュー糖の粒を思い出す。ダイヤモンドもその中に含まれる。

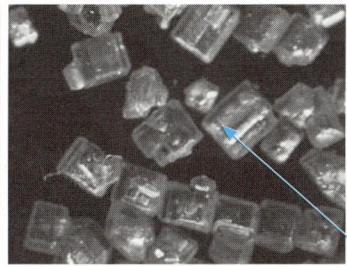

偏光板で挟んで観察すると，色付いて見える

図 1-1　グラニュー糖の顕微鏡写真

結晶とはどんなものか？　と尋ねると，「色も形もきれいなもの」，「硬くて角ばっているもの」，「透明なものが多い」，「光を反射する」，「できるのに時間がかかる」などの答えが返ってきた。

また，「結晶」という言葉でイメージすることは？に対して，大学院生からは「ORTEP図」という答もあった。これは結晶構造を扱っている人にとって問題になることだろう。

板倉聖宣氏が，7年かけて一辺が約16 cmで3 kgの重さのミョウバ

* 板倉聖宣・山田正男著，サイエンスシアターシリーズ，原子・分子編④『固体＝結晶の世界，ミョウバンからゼオライトまで』，仮説社 (2002年)。

ン結晶を作ったことを紹介している*。この結晶はきれいな正八面体型で，頂点は「角ばっている」し，各面は平らで「光を反射する」。

これらは小さな構造単位が周期的に並んでできたものであることに，暗黙の了解を与えている。そこで固体である結晶と，他の状態での分子ないし原子の状態の違いをその占有する体積で比較してみよう。

> **問題** 次の原子ないし分子1つあたりの体積はいくらか？
> - 水：密度は $1.0\,\mathrm{g\,cm^{-3}}$
> - アルゴン：$22.4\,\mathrm{L\,mol^{-1}}$
> - 炭素（ダイヤモンド）：単位格子が $(3.57\,\text{Å})^3$
>   ついでに水銀：密度が $13.5\,\mathrm{g\,cm^{-3}}$ や，鉄：密度が $7.86\,\mathrm{g\,cm^{-3}}$ ではどうか？
>
> **解**
> - 水は分子量が $1.0\times 2+16.0=18.0$ を使って 1 mol が 18 g
>   したがって $18\,\mathrm{cm^3\,mol^{-1}}/(6.0\times 10^{23})\,\mathrm{mol^{-1}}=3.0\times 10^{-23}\,\mathrm{cm^3}$
>   あるいは $30\times 10^{-24}\,\mathrm{cm^3}$ これはおよそ $(3.1\times 10^{-8}\,\mathrm{cm})^3$
>
> $[(3.1\,\text{Å})^3$ になる$]$
> - アルゴン：$22.4\,\mathrm{L\,mol^{-1}}/(6.02\times 10^{23})\,\mathrm{mol^{-1}}$
> $=3.72\times 10^{-20}\,\mathrm{cm^3}\ (3.34\times 10^{-7}\,\mathrm{cm})^3$
>
> $[(33.4\,\text{Å})^3$ ということ$]$
> - 炭素（ダイヤモンド）では単位格子に8原子入っているので：
> $(3.57\,\text{Å})^3/8 = 5.69\,\text{Å}^3$
>   あるいは $(1.78\,\text{Å})^3$ とちょっと小さい。
> - 水銀の場合，原子量が 200.6 と密度が $13.5\,\mathrm{g\,cm^{-3}}$
> $(200.6\,\mathrm{g\,mol^{-1}})/(13.5\,\mathrm{g\,cm^{-3}}\times (6.02\times 10^{23})\,\mathrm{mol^{-1}})$
> $=2.47\times 10^{-23}\,\mathrm{cm^3}\ (2.91\times 10^{-8}\,\mathrm{cm})^3$
>
> $[(2.91\,\text{Å})^3$ になる$]$
> - 鉄の場合，原子量が 55.85 と密度が $7.86\,\mathrm{g\,cm^{-3}}$
> $(55.85\,\mathrm{g\,mol^{-1}})/(7.86\,\mathrm{g\,cm^{-3}}\times (6.02\times 10^{23})\,\mathrm{mol^{-1}})$
> $=1.18\times 10^{-23}\,\mathrm{cm^3}$ $(2.27\times 10^{-8}\,\mathrm{cm})^3$
>   ついでに NaCl は単位格子が $(5.64\,\text{Å})^3$ で1格子当たり4原子ずつあるので（合計8原子），イオンの大きさに差はあるが1イオンあたりの体積は平均で $(5.64\,\text{Å})^3/8=22.4\,\text{Å}^3$ あるいは $(2.82\,\text{Å})^3$ と，水銀とあまり変わらない。

1-2 結晶に見られる規則的構造

結晶の外観は大変美しく，しかも表面は平らで「キラッ」と輝く。これは微小な規則配列をした単位の連続した集合であることを，18〜19世紀の鉱物学者が予見した。

こうした予見は，結晶種類ごとに結晶の大きさに関係なく，表面に現れる面同士の関係が一定であること（面角一定の法則）の観察に基づい

ている。どのような面が現れてくるのかを示して，理想化した結晶の外形を描き上げた。これらは次の7種に分類された（以下の図は，Klein & Hurlbart より改変）。

① **三斜晶系の結晶　triclinic crystal**

(a) ロードナイト（バラ輝石）：rhodonite (Mn, Fe, Mg, Ca)SiO_3
(b) 胆礬（たんばん）：chalcanthite $CuSO_4 \cdot 5H_2O$

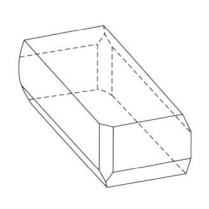

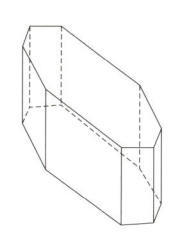

(a) ロードナイト　(b) たんばん
図 1-2　三斜晶系

② **単斜晶系の結晶　monoclinic crystal**

(a) 単斜輝石：clinopyroxene (Ca, Mg, Fe, Al)$_2$(Si, Al)$_2O_6$
(b) 斜角閃石：clinoamphibole
(c) 正長石：orthoclase　$KAlSi_3O_8$

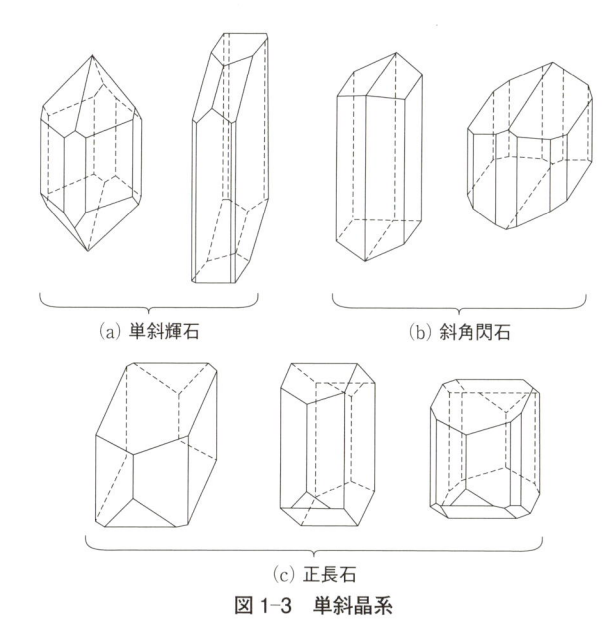

(a) 単斜輝石　(b) 斜角閃石

(c) 正長石
図 1-3　単斜晶系

③ 斜方（直方）晶系＊の結晶　orthorhombic crystal

(a) 硫黄：sulfur　S
(b) 天青石（てんせいせき）：celestite　SrSO₄
(c) トパーズ：topaz　Al₂SiO₄(F, OH)₂
(d) 重晶石：barite　BaSO₄

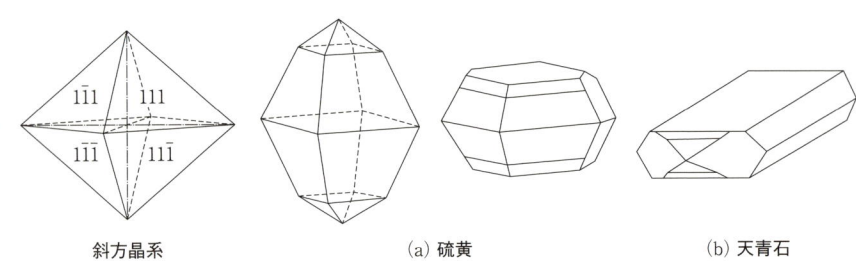

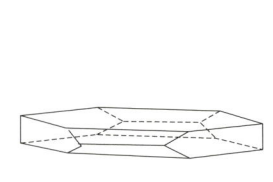

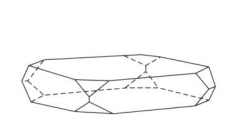

斜方晶系　　　(a) 硫黄　　　(b) 天青石

(c) トパーズ　　　(d) 重晶石

図 1-4　斜方晶系

④ 正方晶系の結晶　tetragonal crystal

(a) ジルコン：zircon　ZrSiO₄
(b) ベスブ石：vesuvianite
Ca₁₉(Fe²⁺, Mn)(Al, Mg, Fe)₈Al₄(F, OH)₂(OH, F, O)₈(SiO₄)₁₀(Si₂O₇)₄
(c) 魚眼石：apophyllite
KCa₄Si₈O₂₀(F, OH)・8H₂O

(a) ジルコン

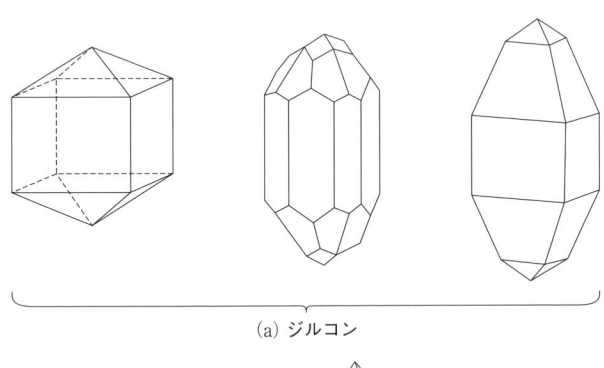

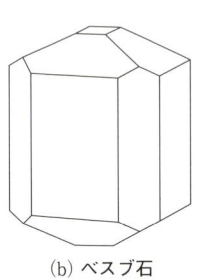

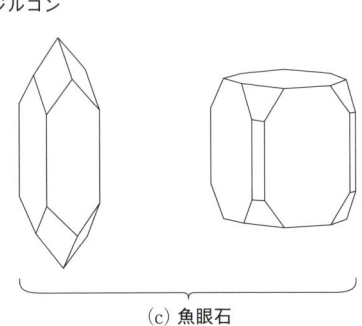

(b) ベスブ石　　　(c) 魚眼石

図 1-5　正方晶系

＊日本結晶学会は 2014 年度の年次総会にて，「orthorhombic」の訳語を「直方」とすることに決定した。

⑤ 六方晶系の結晶　hexagonal crystal

(a) 緑柱石：beryl　$Be_3Al_2Si_6O_{18}$
(b) リン灰石（りんかいせき）：apatite　$Ca_5(PO_4)_3F$

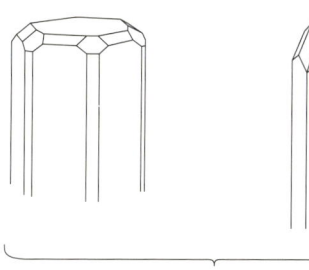

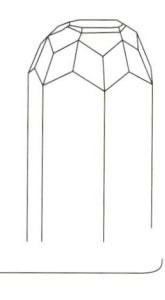

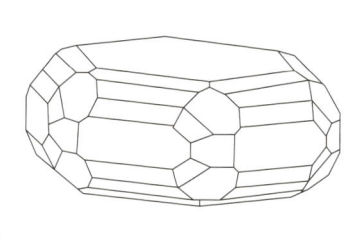

(a) 緑柱石

(b) リン灰石

図 1-6　六方晶系

⑥ 三方晶系の結晶*　trigonal crystal

(a) 方解石：calcite　$CaCO_3$
(b) 菱沸石（りょうふっせき）：chabazite　$CaAl_2Si_4O_{12}\cdot 6H_2O$
(c) 鋼玉：corundum　Al_2O_3

(a) 方解石

(b) 菱沸石

(c) 鋼玉

(d) 電気石：tourmaline　$(Na, Ca)(Li, Mg, Al)(Al, Fe, Mn)_6(BO_3)_3(Si_6O_{18})(OH)_4$

(d) 電気石

(e) 水晶：quartz　SiO_2

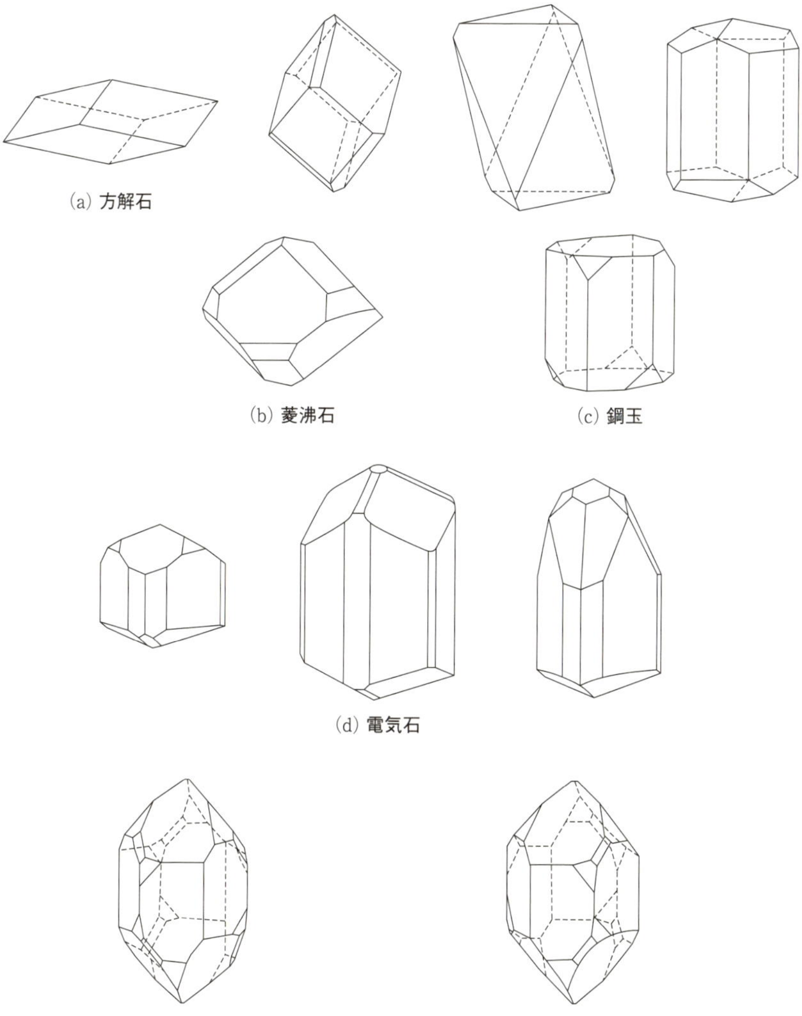

左水晶　　　　　右水晶

(e) 水晶（石英）
図 1-7　三方晶系

*あとでみる結晶格子の形は前の六方晶系と同じになるので，最近は六方晶系と区別しないことが多くなった。

⑦ 立方晶系の結晶　cubic crystal

(a) 黄鉄鉱：pyrite　FeS$_2$

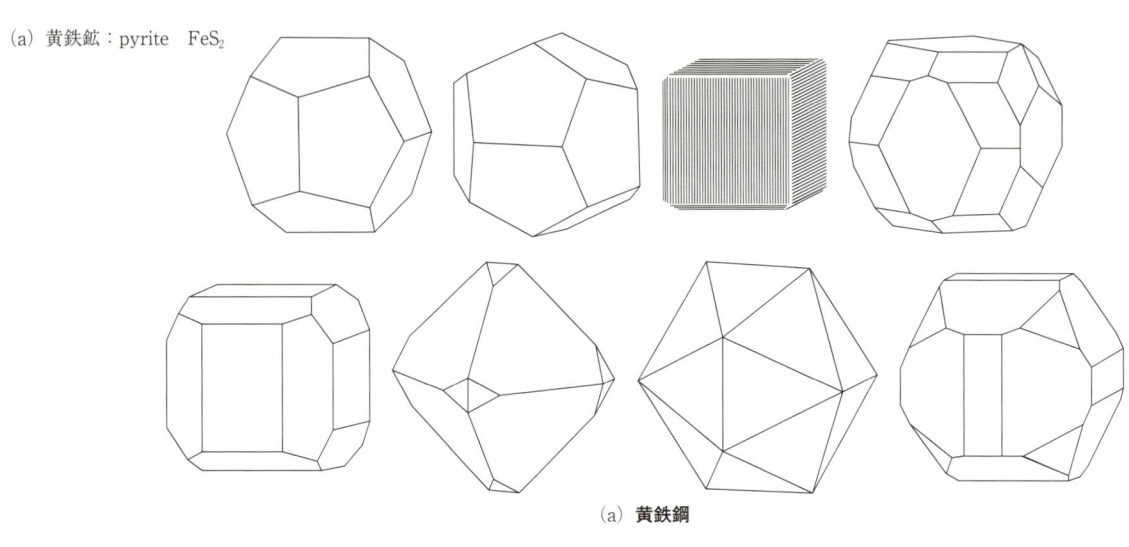

(a) 黄鉄鉱

(b) 輝銅鉱：chalcocite　Cu$_2$S

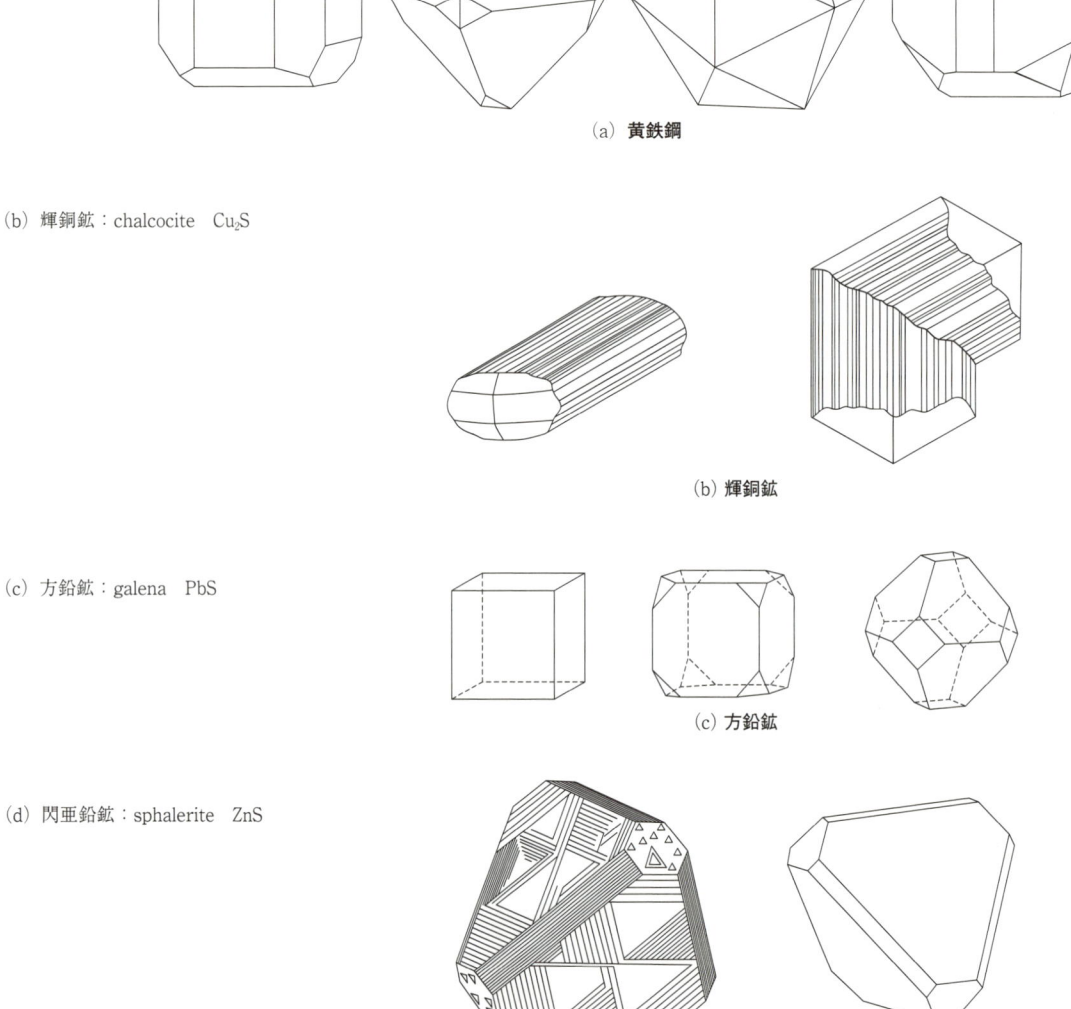

(b) 輝銅鉱

(c) 方鉛鉱：galena　PbS

(c) 方鉛鉱

(d) 閃亜鉛鉱：sphalerite　ZnS

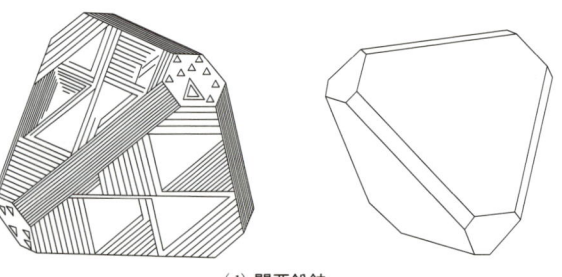

(d) 閃亜鉛鉱

図 1-8　立方晶系

　こうした理想化された結晶模型の木型もつくられた。
　周期的な模様（繰り返しパターン）として，1次元の模様では，編み上げた縄や三つ編をした髪などが思い浮かぶ。

石畳
←積層境界が見られる

2次元模様ではタイルやレンガの敷き詰め方をあちらこちらで観察できるし，手ぬぐいなどの江戸文様にも見ることができる。周期的な模様の版画作者であるM. C. Escherの作品はこれらの影響を受けているらしい*。

* 江戸文様素材収集家の熊谷博人さんに教えていただいた。ヨーロッパには江戸時代に浮世絵が広がり，これに付随して江戸文様も伝わった。

1-3 周期性の現れない敷き詰め構造

ペンローズパターンあるいはペンローズ・タイルと呼ばれる，2種の菱形の組み合わせで平面を埋めつくすことができる模様がある。この模様ではところどころに五角形的な形が見えるが，周期性は持たない。

D. ShechtmanがI. Blech, D. Gratias, J. W. Cahnと共同研究で，1984年に5回対称を持つ構造を発見した。これは結晶とはみなされず準結晶の発見（quasicrystals）と名づけられた。この発見で，シェヒトマンは2011年ノーベル化学賞を受賞した。またこの授賞により結晶概念も変わってきている。

図1-9はノーベル賞のサイトで見た図である。"準結晶"にさまざまな方向からX線を当てて得た回折像が示されている。見る方向によって6回対称（37.36°と79.2°）に見えるが，別の方向では10回対称（63.43°）に見えている。この「回折像」の意味はこれから探っていくことになる。

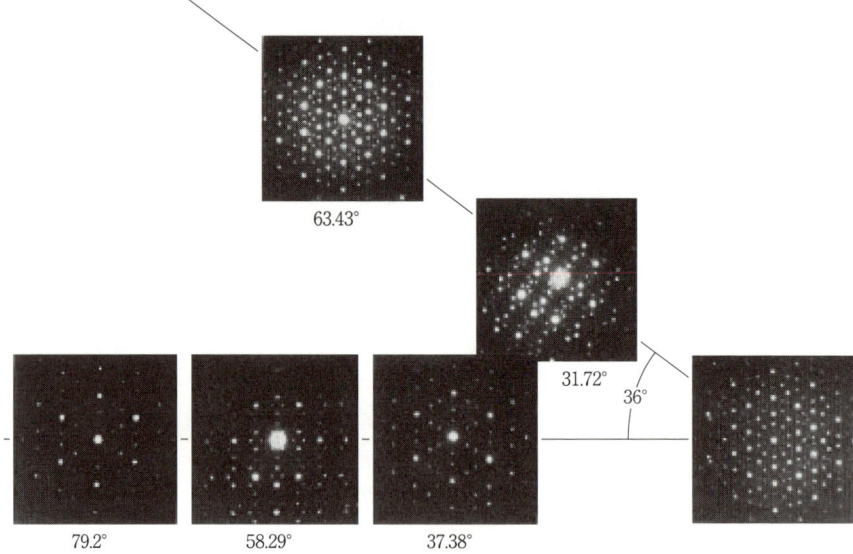

図1-9 シェヒトマンのノーベル賞プレスリリース（2011）
（ノーベル財団より）

1-4 2次元周期配列に許される回転対称

本項では，結晶の構成のされ方を調べる方法について解説する。結晶の性質については，その構成がわかったところで解説する。そこでまず，周期性と対称性の関係から見ていくことにする。

周期 a をもつ1次元の繰り返しパターンで，1周期の両端で角度 θ の回転操作を互いに反対向きに行う（図1-10）。この操作で生じた先端が，隣り合う同じ周期 a を持つ1次元繰り返しパターンになれば，この回転操作はこの2次元平面での繰り返し周期を保持してくれる。

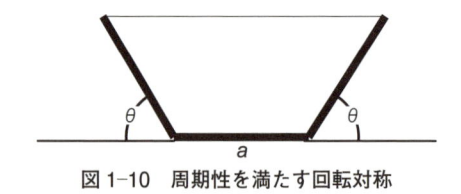

図1-10　周期性を満たす回転対称

この操作で生じた先端間の距離は

$$a + 2a \cos\theta$$

で，これが a の整数倍なら満足する。

> **問題** 上で示した条件を解いて，2次元周期配列に許される回転対称を決めよ。
>
> **解** 上の条件は
> $$a + 2a \cos\theta = na \quad (n \text{ は整数}) \tag{1}$$

と書ける。三角関数には$-1 \leq \cos\theta \leq 1$の条件があるので（1）式を書き換えて

$$\cos\theta = \frac{na-a}{2a} \quad \text{あるいは} \quad \cos\theta = \frac{n-1}{2}$$

となり，$-1 \leq \cos\theta = \frac{n-1}{2} \leq 1$ より，可能な n の値が $-1, 0, 1, 2$ および 3 となる。これに対応する θ の値はそれぞれ，$\pm\pi$，$\pm 2/3\pi$，$\pm 1/2\pi$，$\pm 1/3\pi$，± 0 となる（一般解はそれぞれに $2n\pi$ が加わる）。回転対称としては，2, 3, 4, 6回，そして1回対称の順になっている。

次章からこの対称性が作り出す世界を見ていく。

2 結晶の対称性 I ―32の晶族(点群)

2-1 結晶内で許される回転対称

前章の終わりの問題で得た結果として，周期構造に許される回転対称は回転角の値として

$$\theta = \pm\pi, \ \pm 2/3\pi, \ \pm 1/2\pi, \ \pm 1/3\pi, \ \pm 0$$

なので，回転次数がそれぞれ2，3，4，6，1回に対応する回転対称のみが許されることがわかった。ここには準結晶で導入される5回対称などは入ってこない。

これらの1，2，3，4，6回回転軸に図柄が一致するまでの回転単位を図にすると下のようになる。ここでは，円の中心にあるものがそれぞれの回転対称軸を示す図形記号を示している。

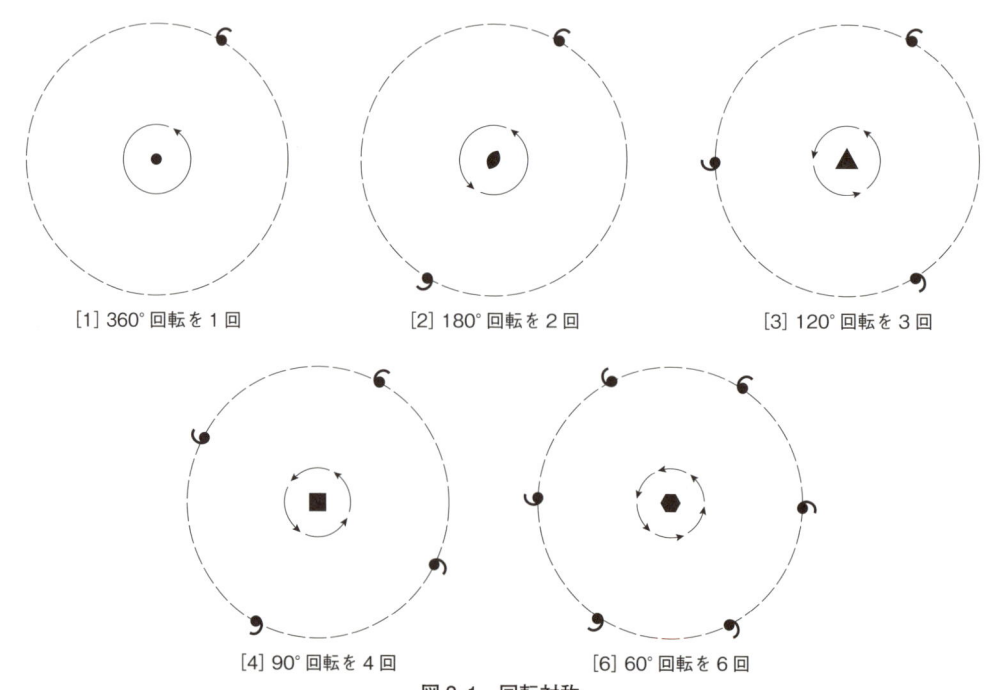

[1] 360°回転を1回   [2] 180°回転を2回   [3] 120°回転を3回

[4] 90°回転を4回   [6] 60°回転を6回

図 2-1　回転対称
(Cornelis Klein, Cornelius S. Hurlbut Jr., "Manual of Mineralogy", John Wiley)

回転対称「1」では，回転軸はどのようにとっても良いのだが，図中の「🔥」がその軸の周りに1回転したとき，あたり前だが元の位置に戻ってそれ以外の場所には現れない。何も対称操作を施さないことと同じで，パターンの数を増やさない。

「2」では，回転対称軸の周りでの180°回転した位置に，同じパターンが軸に対する向きを変えない同じ形で現れる。これをさらに180°回転させると元の位置に重なる。そこで，この対称性でパターンは2つの位置の組み合わせとして存在することになる。

回転対称軸の周りでの位置にパターンを移す操作を「対称操作」といい，「2」では初めの180°回転とそれに引き続くさらなる180°回転（初めの位置から見ると360°回転）の2つの操作がある。それぞれの操作の内容を「対称要素」と呼ぶ。

「3」では，120°ごとの回転操作が可能であり，合計3つの操作があることは容易にわかるだろう。「1」や「2」では回転の方向はどちらから回っても初めに生じるパターンの位置は変わらなかったが，「3」では時計回りに進む場合と反時計回りで進む場合とで初めに生じるパターンの位置と2番目に生じる位置とが変わってしまう。そこで数学での扱いに準じて，回転方向は反時計回りを正として時計回りを負として，図中の軸の周りの矢印で示すように回転の方向を決めることにする。（「3」での240°回転は−120°回転になる。）またここで生じた3つのパターンは，いずれも軸に対する向きを変えていないことに注意しよう。

「4」では90°ごとに合計4つのパターンを生じ，「6」では60°ごとに合計6つのパターンを生じる。ここでは以上の回転操作が全て同一平面内で完結していることに注意しておこう。

周期性を持つ結晶中での対称性を示すには，Herman-Mauguin記号が使われ，回転対称はそれぞれの回転次数を数字のみで表わす。すなわち結晶に現れる回転対称は，「1」，「2」，「3」，「4」および「6」の5種類だけとなる。

2-2 反転を含む対称

2-2-1 反転対称

鏡に映った像は，実像に対して「左右が入れ代わった」*ように見えて鏡像として実像と区別される。これまで見てきた回転対称では，どの操作を施しても実像が鏡像に変わることはなかった。結晶中には当然このような位置関係をもつものが組み合わさる。光学活性分子やイオンは，互いに実像と鏡像の関係にある分子やイオンが組み合わさってラセミ体

＊実像と鏡像の関係をどうとらえるのかということは広く取り上げられ，岩波科学ライブラリー 高野陽太郎，『鏡の中のミステリー 左右逆転の謎に挑む』では心理学的な問題として取り上げられた。また，朝永振一郎氏は『鏡の世界』（みすず書房）でこの問題を非常に興味深い扱いをしている。一読をおすすめしたい。

になる。これらの分子やイオンの関係は，反転操作という考え方で結びつけることができる。

(x_j, y_j, z_j) にある点の組を $(-x_j, -y_j, -z_j)$ の点の組に変えることは，点の組を原点に対して反転させることに相当する。

結晶学では，この反転操作を前に見た回転対称と組み合わせてできる対称性に，それぞれを表わす数字に負号をつけて示す。通常その負号は数字の上付き記号で表わし，$\bar{1}, \bar{2}, \bar{3}, \bar{4}$ および $\bar{6}$ のように表わす。なお，回転操作を先に行い，次いで反転操作を行うという意味で，これらの対称を回反操作，回転軸を回反軸と呼ぶ。

「$\bar{1}$」は1と反転との組み合わせで，対称中心と等しく記号としては「i」と書かれる。

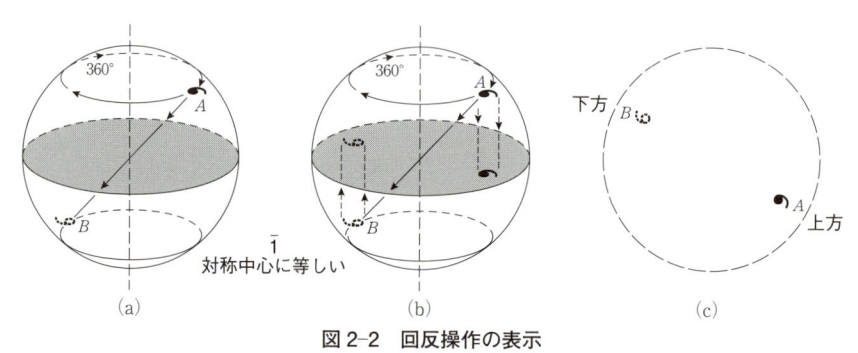

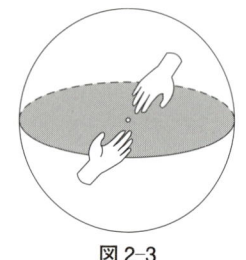

図2-2 回反操作の表示

図2-3
反転操作は，反転中心に引き込まれる手袋が裏返った逆向きに出てくる（右手用は左手用に変換される）。

図2-2（a）原点を含む軸の周りでの360°回転と反転との組み合わせである。Aの位置のパターンが軸の周りでの360°回転に引き続いて，原点に対して反転操作を受けてBに位置に移る。AのパターンとBのパターンは，例えて言えばAに置かれた右手の皮手袋が，原点に吸い込まれていって反対側に出て行くときには裏返されて左手の皮手袋になっているといったところだ。その向きは原点に対して変わらない（一方で頭が原点側を向いていれば，他方も原点側に頭がある（図2-3参照）。

2-2-2 投影表示

対称操作を立体的に示すのに，図2-2のような球面による表示をするとわかりやすい。しかしいつでもこのような表示をしていると，相互に重なり合った部分を表現するのが難しくなってくる。そこで投影法を用いた平面表示をする習慣がある。

原点を通り，回転対称軸に垂直な面を考える（図中の影をつけた平面）。これは軸方向を地球の地軸とすると赤道平面ということになる。

対称操作によって生じる点の関係を，この面への投影図によって表現する（図2-2（b））。ここでは上から投影されたパターンを実線によって，下側からと投影されたパターンを点線で示しているが，この点線に

よる表示の意味にはもう1つ，実線部の実像に対して鏡像であるという意味もこめられている。裏側からというのと，鏡像であるというのは別の情報なので，両者は別々の記号で表示する必要がある。そのことはまた，先に行って考えよう。

こうして描かれた赤道面を示したのが図2-2（c）である。この円の中心に，反転の中心を示す記号「。」を入れておかなくてはいけない。

2-2-3 鏡映対称，その他

$\bar{2}$，$\bar{3}$，$\bar{4}$および$\bar{6}$を同様に表示して見ると図2-4のようになる。

$\bar{2}$は，2回軸での180°回転に続いて原点で反転するという操作なので，結果としては軸方向の位置だけが変わった「鏡像」を生み出す。ここにもう一度軸周りでの180°回転に引き続く原点での反転は元の位置での「実像」になるので，確かに対称要素は2つの対称性である。

赤道面での投影図は重なった実像と鏡像になる。これは赤道面が鏡に

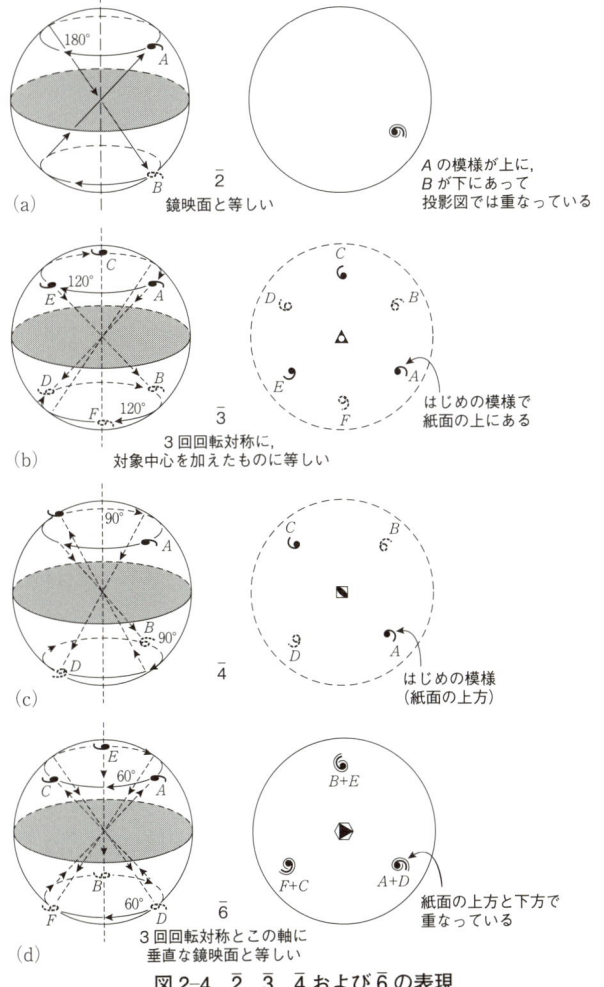

図2-4 $\bar{2}$, $\bar{3}$, $\bar{4}$および$\bar{6}$の表現

なっていることを示す。$\bar{2}$ は「鏡映対称」に一致するので，対称性の記号として「m」を使う。図上での表現は，仮の球体の赤道面が鏡映面になるので，この円を実線に書き換えてある。

$\bar{3}$ は，3回軸での120°回転に引き続く反転の操作の繰り返しで，A点のパターンをB点に移すには−120°回転後の反転操作という組み合わせが必要である。こうしてA点からF点まで，6つの対称要素が現れるが，3回軸と軸上の対称中心の組合せと見ることができる。

$\bar{4}$ は，4回軸での90°回転に引き続く反転操作の組み合わせで，$\bar{3}$ とは異なり4つの対称要素しか生じない。これは新しい独立した対称性である。

$\bar{6}$ は，6回軸での60°回転に引き続く反転操作で，この繰り返しで6つの対称要素が生じる。この全体のパターンは，3回対称を持つパターンがさらに赤道面での鏡映対称をもつものになっている。したがってこの回反操作は3回軸とそれに垂直な鏡映面の組み合わさった対称であると見ることができる。

2-3 対称要素の組み合わせ

2-3-1 主軸*と垂直な2回軸の組み合わせ

2-2で $\bar{6}$ が3とそれに垂直な m の組み合わせであることを見た。対称性は適当な配置で組み合わせることができる。ここでは赤道面に垂直な回転対称軸を主軸として，これと他の回転対称軸の組み合わせを考えることにする。

4回軸に垂直に2回軸を組み合わせてみる。4回軸は2回軸の180°回転に対して上下が入れ代わるだけで，その対称性を壊してはいない。それに対して2回軸は，4回軸の90°回転によって新たな2回軸を赤道面内に元の2回軸とは垂直に置かなくてはならないことを要請される。これらの2回軸同士は互いに180°回転に対して前後あるいは左右を入れ替えるだけで対称性を保持している。

ここで1つのパターンがどの様に展開されていくのかを見ていこう。まず，2回対称を持っているので，赤道面の上側からはじめると，下側に同じ実像のパターンを生じる。実像の上からと下からという表示をしなくてはならないので，どちらも実線で表わしたい（実像である）が，はじめの1つを実線で，対称操作が加わった4回軸と垂直な2回軸組合せのものを破線とした。上側のものには+を付記し，下側には−を付記して違いを示すことにする（図2-5 (a)）。

このパターンが4回対称で4組生じることを示したのが図2-5 (b)

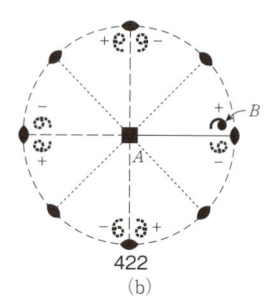

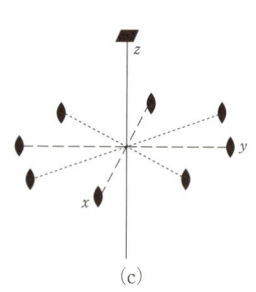

図2-5 4回軸と垂直な2回軸の組合せ

*主軸とは，結晶の対称軸のうち，対称性の高いもの。

である。ここで，2回軸で向き合った（実際には上と下で離れている）パターンの一方と，90°回った位置にある同じ組のパターンの別の側（前者が+のものなら，後者では-のもの）は，互いにあたかも見えない新しい2回軸によって関係付けられているように見える。実際，元の2回軸がここにあったのだと言われても区別がつかない！　この2回軸は元の2回軸間を2等分する方向に入っている。

まとめると，4回軸に垂直に2回軸を組み合わせると，4回対称で生じる2回軸間の2等分線上に新たに2回軸を生じさせる。この組み合わせをHerman-Mauguin記号では，ここで記述した順に「422」という組み合わせであると表現する。この記号の順番は，① 主軸の方向，② 主軸に垂直な方向，③ ②で導入した軸間を2等分する方向である。

主軸を6回軸としてこれに垂直な2回軸の組み合わせも同様に考えることができる。

問題 6回軸とこれに垂直な2回軸の組み合わせで生じる対称性のHerman-Mauguin記号を求めよ。

解 6回軸に垂直に導入した2回軸は，60°ごとの回転操作で赤道面上に3本生じる*。ここに上と同様のパターンの展開を表示すると下図のようになり，新たに2回軸を半割する方向（30°ずれた方向）に新たな2回軸の組み合わせを生じる（図2-6）。これは主軸の6回軸に垂直な2回軸と，さらにこの2回軸間を2等分する方向の2回軸の組み合わせなので，Herman-Mauguin記号は「622」となる。この順番も「422」の場合と同じになっていることを確かめよう！（図2-7）

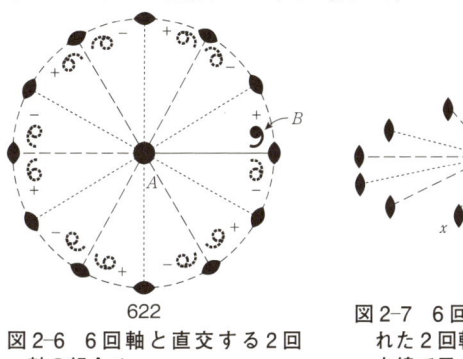

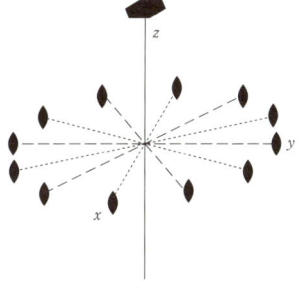

622
図2-6　6回軸と直交する2回軸の組合せ

図2-7　6回軸に垂直に加えられた2回軸（破線）は，さらに点線で示された2回軸を発現する

* 6回軸は2回軸に対して上下の入れ替え操作で対称性に保たれる。2回軸同士は180°回転後に他の2つの回転を入れ替えることになるが，全体の対称性は保たれている。

問題 3回軸とこれに垂直な2回軸の組み合わせで生じる対称性のHerman-Mauguin記号を求めよ。

解 3回軸に垂直に導入した2回軸（実線）は，120°ごとの回転操作で赤道面上に3本生じる（破線）。このとき120°の間隔にある2回軸を2等分する方向に，残りの2回軸の「しっぽ（点線）」が現れている。ここに4回軸でと同じパターンの展開を描いて見ると（図2-8），新たな対称

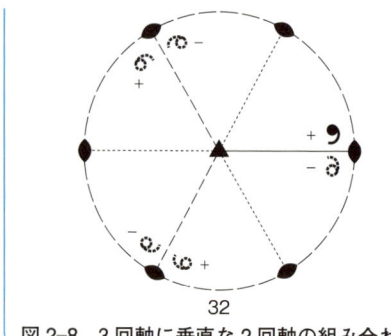

性は生じていないことがわかる。したがってここでは，主軸の3回軸に垂直な2回軸の組があるだけなので，Herman-Mauguin記号は「32」である。

図2-8　3回軸に垂直な2回軸の組み合わせ

2-3-2　主軸と鏡映面の組み合わせ

$\bar{6}$が3回軸とそれに垂直な鏡映面であることをすでに見た。Herman-Mauguin記号ではこれを「$3/m$」と表わす。軸同士の組み合わせの場合，3次元空間での座標系を主軸の方向とそれに垂直な軸の方向を決めると指定できる。しかし平面ではそれに垂直な方向しか座標軸として一義的に選べる方向がない。「／」は垂直であるという意味である。

ここでも4回軸との組み合わせから考えていこう。

鏡映面との組み合わせには2通りの組み合わせ方がある。まず，垂直に組み合わせることから始める。これは図2-9のとおり，単純な4回軸とそれに垂直な鏡映面の組み合わせで，図での記号は4回軸の「■」と鏡映面が赤道面にあるという実線の外枠になる。対称要素は4回軸による4つが，それぞれ鏡映操作を受けて，合計で8つとなる。Herman-Mauguin記号は「$4/m$」である。

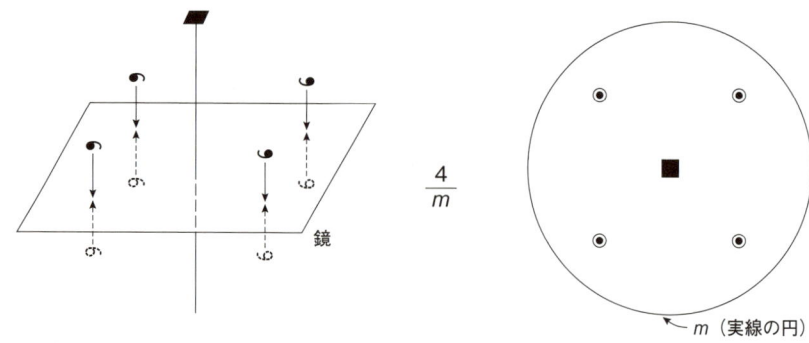

図2-9　4回軸とそれに垂直な鏡映面

ここで，主軸に垂直な2本の軸が鏡映面内にあり，それらは4回対称の制約にしたがって2本の等価な直交する軸をとることになる。

2 結晶の対称性Ⅰ—32の晶族(点群)

> **問題** 6回軸とこれに垂直な鏡映面の組み合わせでできる対称のHerman-Mauguin記号を求めよ。
>
> **解** 両者の組み合わせは次の図になる。 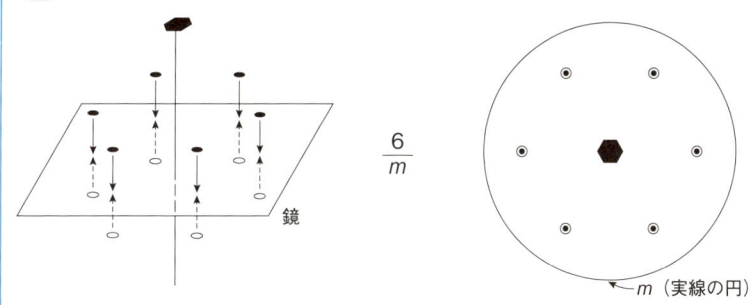
>
> 図 2-10 6回軸と垂直な鏡映面
>
> 6に垂直なmの組み合わせで, Herman-Mauguin記号は「6/m」となる。図中の記号は6回軸を示す黒ぬりの六角形と鏡映面が赤道面にあることを示す実線の外枠である。

もう1つの組み合わせは,4回軸を含む鏡映面という組み合わせだ。このとき鏡映面を決める2本の座標軸は,一方を4回軸に,他方をこれに垂直な方向として取るのが都合がよい。この軸はきちんと4回対称を持つように配列できる。当然そこにもう1枚最初の鏡を4回対称操作の90°回転で生じるものがある(図2-11)。ここでは外周円は鏡映面ではないということを示すために破線となっている。

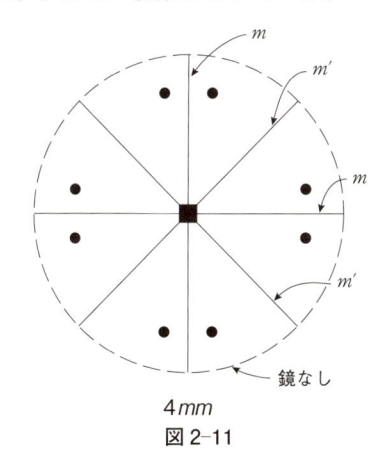

図 2-11

そして,2回軸を組み合わせたときと同様に,4回対称を持つように配列された軸間を2等分する方向と4回軸を含む鏡映面ができたことになる。この場合のHerman-Mauguin記号は,主軸の4回軸と,これを含み4回軸に垂直な方向を決める軸を含む鏡映面があり,この軸間を2等分する方向を1つの軸とする鏡映面があるということで,「4mm」と表記される。

さて,これら2つの鏡映面の導入法を組み合わせたらどうなるだろう。

> **問題** 「422」の対称に鏡映面を組み合わせた対称のHerman-Mauguin記号を求めよ。
>
> **解** 出発は「422」からでも「4/m」からでも，はたまた「4mm」からでも同じで，どの場合もさらに鏡映面を組み合わせるだけで次の図が得られる。これは4回軸に垂直な鏡映面を持ち，その鏡映面上に2回軸があるが，この2回軸にはこれに垂直で4回軸を含む鏡映面が生じる。さらにこの2回軸間を2等分する方向にさらに2回軸があり，これにも同様の鏡映面が存在する。したがってこのHerman-Mauguin記号は「4/m 2/m 2/m」である。
>
> $$\frac{4}{m}\frac{2}{m}\frac{2}{m}$$
>
> **図2-12 4回軸に垂直な2回軸と鏡映面の組合せ**

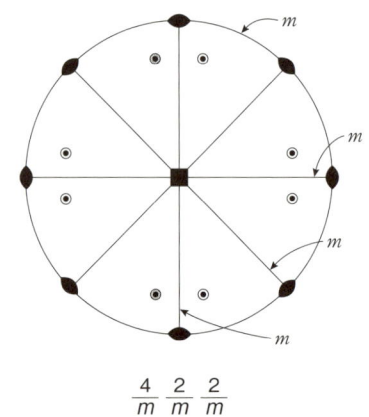

2-3-3 互いに交わる鏡映面

鏡映面が交わる交線は回転対称軸になった。2枚の直交する鏡映面は，交線を2回軸とし，それだけでHerman-Mauguin記号が「2mm」となる対称性を与える。3枚の互いに直交する鏡映面は3つの交線が2回軸になり，それぞれに垂直な鏡映面を持つことになるのでHerman-Mauguin記号「2/m 2/m 2/m」の対称を与える。

2枚の直交する鏡映面に，さらにこれらのなす角を2等分する方向を持っている鏡が入ると，共通の交線は4回軸になる。これは上で議論したものと同じだ。

2回軸の場合と4回軸の場合を並べて見ると図2-13のようになる。ここでは実線と鏡像の区別をしていない。

2-3-4 立方体の対称性

立方体では4回軸に垂直に4回軸が組み合わさって，結局3本の4回軸が3回対称を持つように配列したものとみなせる（図2-14）。そしてその3回軸間を2等分するところに2回軸が現れる。これをまとめると，Herman-Mauguin記号は「432」となる。4回軸が3回対称を作って配列し，その3回軸間を2等分する2回軸が生じる。

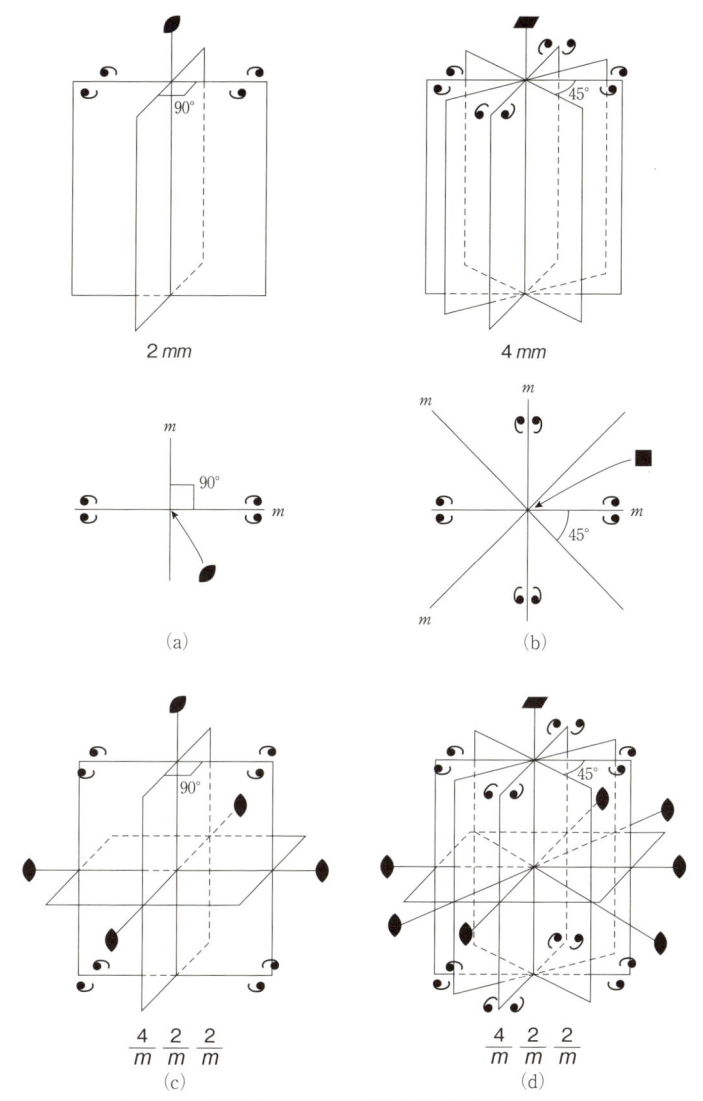

2 結晶の対称性Ⅰ─32の晶族（点群）　19

$2mm$　　　　　　　　　$4mm$

(a)　　　　　　　　　(b)

$\dfrac{4}{m}\dfrac{2}{m}\dfrac{2}{m}$　　　　　$\dfrac{4}{m}\dfrac{2}{m}\dfrac{2}{m}$
(c)　　　　　　　　　(d)

図2-13　2回軸あるいは4回軸と鏡映面の組み合わせ

2-4　32の結晶系（晶族）

結晶内で許される回転対称の1，2，3，4および6と回反対称の$\bar{1}$，$\bar{2}$（$=m$），および$\bar{4}$の組み合わせの可能性は32通りある（図2-15）。これらを32の晶族（crystal class）と呼ぶ。

2-4-1　晶族の小分類

32の晶族は対称性の持ち方で6つないし7つに分類されている。

全く対称性に基づく軸の決定できないもの（1か$\bar{1}$しか対称性がないものでは，3次元座標を適当に決めることになる）は，三斜晶系（triclinic）と呼ばれる。

2回軸が1本または鏡映面が1枚あると，その軸ないし面に垂直な方

図2-14 立方体の対称性

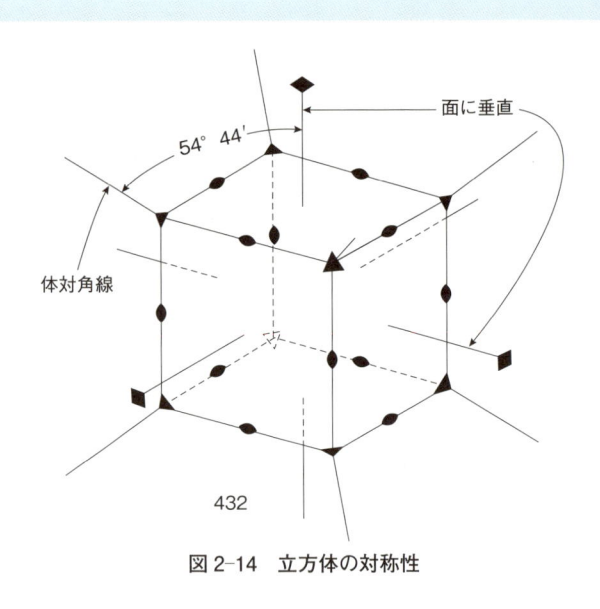

向を一義的に1つの軸として決めると便利だ。他の2つの軸ははじめの軸に垂直な平面内にとる。これらは単斜晶系（monoclinic）と呼ばれる。

3本の直交する2回軸を持つ場合のように，3つの座標軸を互いに垂直にとることができ，それ以上の対称性がないものは斜方晶系（ortho-rhombic）と呼ばれる。3本とも直交しているのに「斜」の字が入るのが適当でないし，直方体という表現があることから，日本語表記を「直方」晶系とすべきだという議論もある*。

4回軸があると，この一番対称性の高い軸を主軸として，これに垂直な2本の等価な座標軸を入れると都合が良い。2本の等価で垂直な軸は正方形の基本となるので，正方晶系（tetragonal）と呼ぶ。

3回軸か6回軸を1本持つ場合，正三角形の底面を基本とした座標軸を配置できる。これらは六方晶系（hexagonal）と呼ばれる。このうち，3回対称のうちの一部は菱面体型に座標系を取ることもできるものもあり，これを菱面体晶系（rhombohedoron）と区別することもある。

最後は3本の直交する等価な軸を配することができる型で，これは立方晶系（cubic あるいは等軸晶系（isomeric））と呼ばれる。

2-4-2 対称心の有無による分類

結晶の性質と対称性の関係を知る上で，結晶内に対称心があるかないかで判断できる場合もある（表2-1）。例えば圧電効果は対称心のある構造では生じない。とは言え，対称心のない「432」の構造でも，対称要素が互いの変動を打ち消すために生じない。

* ortho- は垂直という意味である。p.4の注を参照せよ。以降では斜方（直交）と表記する。

図 2-15　32の晶族の分類

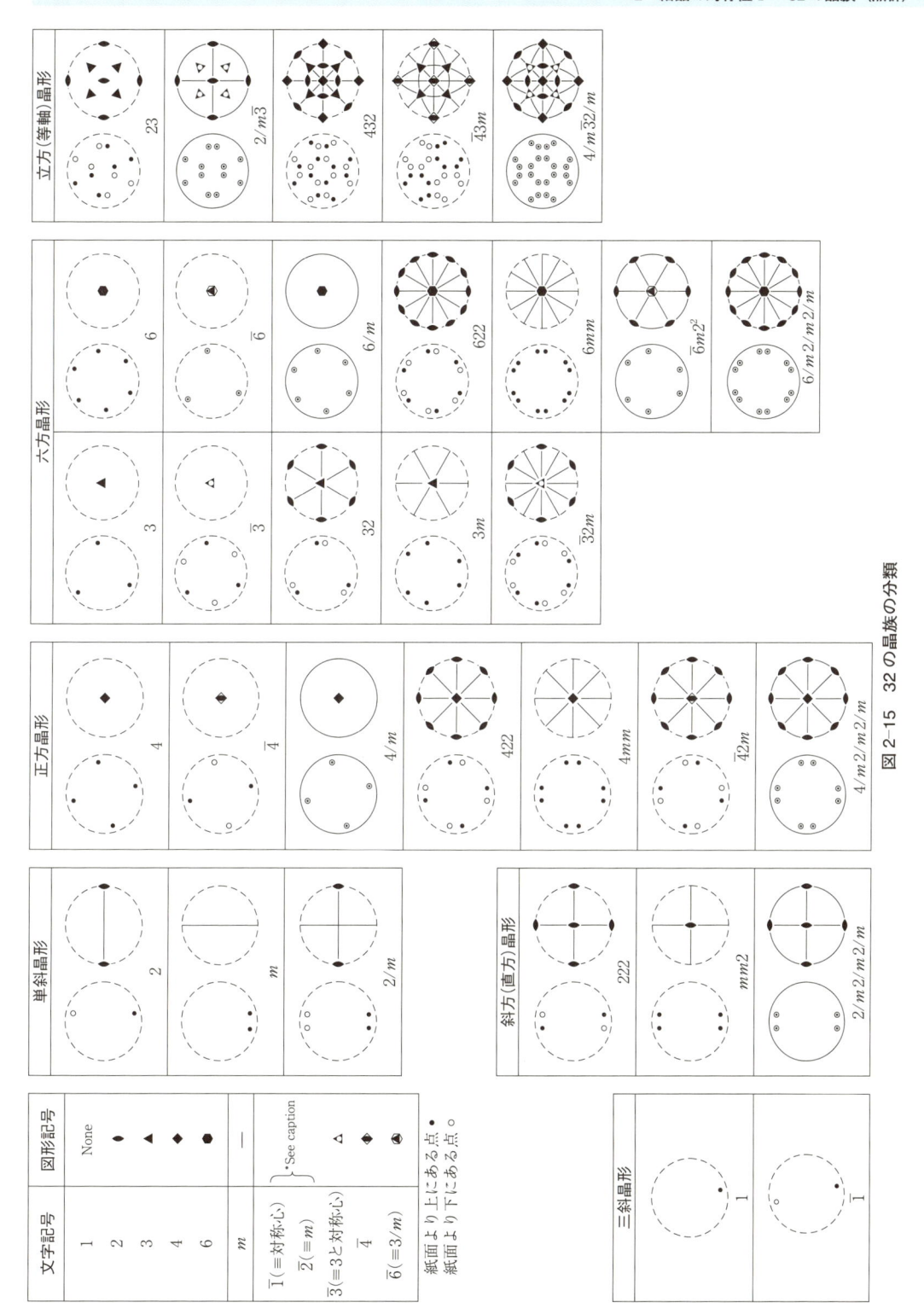

2-4-3　対称性の高低による分類

どれだけの対称要素の組み合わせで生じた晶系であるのかをまとめると次のようになる（表2-1, 2-2）。

表 2-1 対称性の有無による晶族の分類

結晶系	対称性なし	対称性あり
三 斜	1	$\bar{1}$
単 斜	2, $\bar{2}$ (=m)	2/m
斜 方（直方）	222, mm2	2/m2/m2/m
正 方	4, $\bar{4}$, 422 4mm, $\bar{4}$2m	4/m, 4/m2/m2/m
六 方	3, 32, 3m 6, $\bar{6}$, 622 6mm, $\bar{6}$m2	$\bar{3}$, $\bar{3}$2/m 6/m, 6/m2/m2/m
等 軸（立方）	23, 432, $\bar{4}$3m	2/m$\bar{3}$, 4/m$\bar{3}$2/m

表 2-2 32 の晶族の分類と特徴

結晶系と つるべ格子	点群 ヘルマン・モーガン表記に基づく国際記号	シューンフリース記号	空間群の番号	軸方向の対称性 x	y	z	次数	E,P,C[2]
三斜 P(=C, I, F)	1 $\bar{1}$	C_1 C_i	1 2	1 $\bar{1}$	1 $\bar{1}$	1 $\bar{1}$	1 2	E, P C
単斜 P C(=I,F)	2 m 2/m	C_2 C_s C_{2h}	3~5 6~9 10~15	1 1 $\bar{1}$	2 m 2/m	1 1 $\bar{1}$	2 2 4	E, P P C
斜方（直方） P, C, I, F	222 mm2 mmm	D_2 C_{2v} C_{2h}	16~24 25~46 47~74	2 4m 2/m z	2 m 2/m x, y	2 2 2/m xy	4 4 8	E P C
正方 P(=C) I(=F)	4 $\bar{4}$ 4/m 422 4mm $\bar{4}$2m* $\bar{4}$m2* 4/mmm	C_4 S_4 C_{4h} D_4 C_{4v} D_{2d} D_{4h}	75~80 81~82 83~88 89~98 99~110 111~122 123~142	4 $\bar{4}$ 4/m 4 4 $\bar{4}$ $\bar{4}$ 4/m	1 1 $\bar{1}$ 2 m 2 m 2/m	1 1 $\bar{1}$ 2 m m 2 2/m	4 4 8 8 8 8 16	E,P — C E P C
三方 P or R	3 $\bar{3}$ 321* 312* 3m1 31m* $\bar{3}$m1* $\bar{3}$1m*	C_3 S_6 D_3 C_{3v} D_{3d}	143~146 147~148 149~155 156~161 162~167	3 $\bar{3}$ 3 3 3 3 $\bar{3}$ $\bar{3}$	1 $\bar{1}$ 2 1 m 1 2/m $\bar{1}$	1 $\bar{1}$ 1 2 1 m $\bar{1}$ 2/m	3 6 6 6 12	E, P C E P C
六方 P	6 $\bar{6}$ 6/m 622 6mm $\bar{6}$2m* $\bar{6}$m2* 6/mmm	C_6 C_{3h} C_{6h} D_6 C_{6v} D_{3h} D_{6h}	168~173 174 175~176 177~182 183~186 187~190 191~194	6 $\bar{6}$ 6/m 6 6 $\bar{6}$ $\bar{6}$ 6/m x, y, z	1 1 $\bar{1}$ 2 m 2 m 2/m xyz	1 1 $\bar{1}$ 2 m 2 2 2/m xy, yz, zx	6 6 12 12 12 12 24	E, P — C E P — C
立方（等軸） P, I, F	23 m$\bar{3}$ 432 $\bar{4}$3m m$\bar{3}$m	T T_h O T_d O_h	195~199 200~206 207~214 215~220 221~230	2 2/m 4 $\bar{4}$ 4/m	3 $\bar{3}$ 3 3 $\bar{3}$	1 $\bar{1}$ 2 m 2/m	12 24 24 24 48	E C E — C

1 多重度は I は 2 倍, R は 3 倍, F は 4 倍.
2 E：鏡像異性；P：極性；C：中心対称性.
* これらの点群では，対称要素の配列に異なる可能性があるため，違った空間群が生じる.

コラム　周期性を持たない図形による平面の埋め尽くし（ペンローズ模様，ペンローズ・タイル）

イギリスの物理学者，ロジャー・ペンローズは2種類の菱形を使って周期的でない平面の埋め尽くしができるパターンを見出した。これは鋭角が72°で鈍角が108°の菱形と，鋭角が36°で鈍角が144°の菱形の2種を用いる。そのパターンは次のように発生させていくことができる。

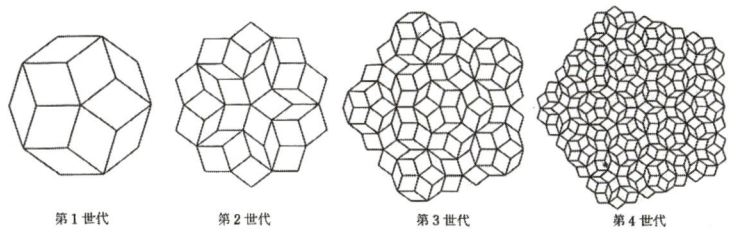

第1世代　　第2世代　　第3世代　　第4世代

（竹内 伸，『準結晶 結晶でもアモルファスでもない夢多き新物質』，産業図書（1992）より）

1984年にダニエル・シェヒトマンが液体状態のから急冷して得たAl-Mn合金にこうした対称性をもつものを発見した。ただしこちらは3次元構造である。これは準結晶（quasicrystal）と呼ばれる。この準結晶は熱力学的には不安定相であったが，その後東北大学金属材料研究所の蔡安邦らによって安定な準結晶が発見された。

コラム　自然界で見られる対称模様

2007年の理化学研究所一般公開で，スズメバチの巣が展示されていた。巣の小部屋が六角形の断面を持つ整然とした並び方が良く見える。

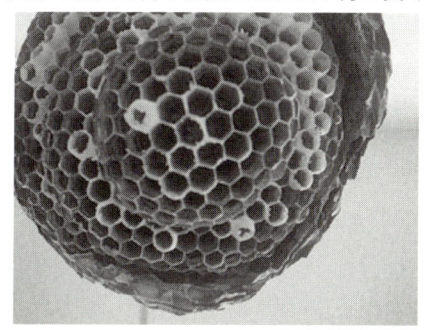

問題

1) 2回軸に2回軸を垂直に組み合わせることができる。これによって生じる対称性を，図解して，Herman-Mauguin記号を求めよ。
2) 2回軸には鏡映面を組み合わせることができる。どのような組合せが可能か。それによって生じる対称性を図解してHerman-Mauguin記号にせよ。

［解答は図2-15の32の晶族を見て，各自考えよ］

2-5 点　群

　ここまで対称性を示す記号として Herman-Mauguin 記号を用いてきた。この表示法は次章以降の取り扱いで，周期的な構造の対称性を示すのに向いていることがわかるだろう。対称性を示す記号には，孤立した系を扱うのに適した点群記号に Schönflies 記号がある。ここまでで求めた 32 の晶族は，パターンの形を保って行った移動操作で，少なくとも 1 点が動かない不動点であるから Schönflies 記号による表示も可能である。その対応を最後に見ておこう。

　Schönflies 記号は回転操作が 1 種のみの系に対しては C_n（n が回転の次数）で示す。したがってこの章の最初に求めた「1」，「2」，「3」，「4」および「6」の Herman-Mauguin 記号に対して，C_1, C_2, C_3, C_4 および C_6 がそれぞれの Schönflies 記号となる。なお「1」の対称操作は「同位」と呼ばれ，E で表す。

　反転操作を含む対称については，Herman-Mauguin 記号とは異なりまず「反転」は独立した対称要素として「i」で示している。他の「回反操作」は「回転」に続いて「鏡映」操作を行う「回映操作」として扱い，S の記号が与えられる。そこで $\bar{1}$ と $\bar{2}$ はそれぞれ C_i と C_S になる。$\bar{3}$ では 60°回転に引き続く鏡映操作によるともものと解釈され，$\bar{4}$ と同様の扱いで，それぞれ S_6 と S_4 となる。$\bar{6}$ は 3 回軸に垂直な平面を持つものとなるので次の項目の扱いとなる。

　主軸に垂直な 2 回軸があるとき，回転対称軸の表現が「C」でなくて「D」となる。そこで「222」，「422」および「622」はそれぞれ D_2, D_4 および D_6 だが，「32」も D_3 となって，主軸に垂直な 2 回軸の組み合わせは問われない。

　主軸に垂直な鏡映面を持つものは，「h」の添え字がつけられる。そこで「$2/m$」や「$4/m$」はそれぞれ C_{2h} と C_{4h} のように示される。上の $\bar{6}$ は C_{3h} となる。

　主軸を含む鏡映面を持つ場合は，基本的に「v」の添え字が付く。主軸に垂直な 2 回軸があって，2 回軸間を 2 等分する方向にあれば添え字は「d」となる。具体的には，「$2mm$」や「$4mm$」は C_{2v} と C_{4v} であり，「$\bar{4}2m$」のような場合には主軸に垂直な 2 回軸があるので D_{2d} となる。

　その他の各晶系の点群記号は以上のことをもとにして求めることができるはずだ。

　ただ異なる記号を用いる立方晶系での割り当てについては結果だけを示しておく。「23」，「$2/m\,\bar{3}$」，「$\bar{4}3m$」，「432」および「$4/m\,\bar{3}\,2/m$」がそれぞれ T, T_d, T_h, O および O_h に対応する。表にまとめると表 2-2

になる。

[休憩室] ことばで対称性を楽しむ―回文（1）

日本語は縦書きことばとして発達してきた。そこで「上から読んでも下から読んでも同じ」になる文字列を回文というが，この本のように横書きになると，「左から読んでも右から読んでも」となる。もっとも長い文章になると，縦書きでも横書きでも「初めから読んでも終わりから読んでも」となるか…。

「八百屋」や「トマト」は当然として，「新聞紙」とか「竹やぶ焼けた」などにも小学校時代にめぐり会っているだろう。日本語はかな表記が音と結びついているので，こうした遊びには都合がよい。日常の何気ない表現でもそんなものに気付くときがある。「関係ない喧嘩」とか「田舎しかない」，「意外や意外」などなどと…。

こうした回文を学生に紹介していると，いろいろなものを考え出したり，紹介してくれたりする。古い例では，「いかたべたかい」というのがあったが，解釈が2通りできる。イカと貝の闘争劇なのか，単なる疑問文なのかで…。「いか」と「かい」を交換した「かいたべたいか」も同様で，なかなかおもしろい。さらに「メカの亀」はアニメの影響？「カモメのメモか」は砂浜の観察？「亀か瓶か」は…。動物からの連想はいろいろと出てくる。「イタチ類の居る地帯」となるとちょっとむせそうだ。

最近化学科らしいものを紹介してもらった。「死んでいる電子と死んでる遺伝子」。「と」の前後は交換可能で，意味はないように思えるが語呂合わせとしてなかなかのものだ。作者は…？ さらにもう1つ「三日月の日に火の傷神」というのももらった。

結晶学者もやはりこんなことを考えたりする。いつだったか，東京で開催している結晶懇話会という私的な会で，岩崎準先生が結晶の対称性についての話をされた。その最後に，「すばらしいシラバス」というのを紹介されて講演を閉められた。ちょうど大学で講義概要としてシラバスということばが広まり始めたころのことだ。ちょっと余分な語を入れた「すばらしい良いシラバス」はくどすぎるか。

3 結晶の対称性 II
―7つの結晶系・14のブラベ格子

2章で，結晶に許される回転対称と反転操作を組み合わせると32通りの組み合わせができることを見てきた。またこれらは6つないし7つに分類できることも見た。この分類は結晶系（crystal system）と呼ばれる。

> **コラム　立方体「432」の対称要素数**
>
> 各対称要素がいくつあるのかをここで確認しておこう。立方体は6枚の正方形で囲まれた立体である。ここで頂点の数は8個，辺の数は12本である。したがって
> 4回軸は各面の中央に垂直にある
> （平行な2つの面の中心を結ぶ直線である）　　→　6/2＝3（本）
> 3回軸は4回軸の配列が作り上げるが，これは立方体の頂点から中心を通って他の頂点に抜ける方向にある
> （立方体の体対角線の位置にある）　　　　　　→　8/2＝4（本）
> 2回軸は4回軸同士，3回軸同士の配列を決めているが，立方体の各辺の中点から中心を通り，他の辺の中点に抜ける方向にある
> （各面の対角線に平行な各辺の中点を結ぶ直線の位置にある）
> 　　　　　　　　　　　　　　　　　　　　　　→　12/2＝6（本）

3-1　結晶系

2章の終わりに説明したように，32の晶族は対称性に合った座標軸のとり方で6つないし7つに分類できる。結晶構造解析の手順で，菱面体晶系は扱いにくい（座標軸が扱いにくい）ので，六方晶系型に変換して扱われる。このため最近は7つの分類を6つにすることが多い。

この7つの結晶系は結晶の形の制限として，座標軸のとり方を決めている。その特徴は通常，各辺の長さの比と辺同士のなす角の値に現れる。それらを図示したものが図3-1であり，軸および角度の関係は表3-1のようにまとめられる。ここで，座標軸を順番にa軸，b軸，c軸とし，b–c軸のなす角をα，c–a軸のなす角をβ，a–b軸のなす角をγとする。

表3-1 7つの結晶系と晶族・対称軸は立法晶系を除くすべての系で回転または回映軸である

結晶系	軸とその間の角	最少対称性	晶族の点群
立 方	$a=b=c$ $\alpha=\beta=\gamma=90°$	4つの3回軸 (立方体の対角線に沿って)	T, T_d, T_h, O, O_h
正 方	$a=b\neq c$ $\alpha=\beta=\gamma=90°$	1つの4回軸	$C_4, C_{4v}, C_{4h}, D_{2d}$ D_4, D_{4h}, S_4
六 方	$a=b\neq c$ $\alpha=\beta=90°, \gamma=120°$	1つの6回軸	$C_6, C_{6v}, C_{6h}, C_{3h}, D_{3d}$
菱面体	$a=b=c$ $\alpha=\beta=90°, \gamma=120°$ または $a=b=c$ $\alpha=\beta=\gamma$	1つの3回軸	$C_3, C_{3v}, D_3, D_{3h}, S_6$
斜方(直方)	$a\neq b\neq c$ $\alpha=\beta=\gamma=90°$	3つの2回軸	C_{2v}, D_2, D_{2h}
単 斜	$a=b\neq c$ $\alpha=\gamma=90°, \beta\neq 90°$	1つの2回軸	C_s, C_2, C_{2h}
三 斜	$a\neq b\neq c$ $\alpha\neq\beta\neq\gamma\neq 90°$	なし	C_1, C_i

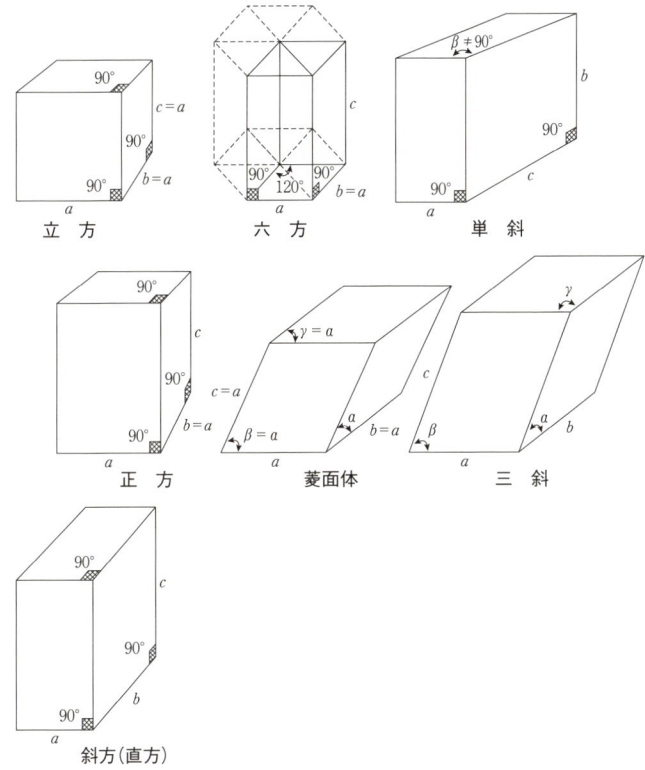

図 3-1 7つの結晶格子

3-1-1 対称性に由来する結晶軸の取り方

前章でも述べたが,軸の a, b, c および角度の α, β, γ は対称性の制限から生じている。ここでもう一度まとめておこう。

(1) 何もない，あるいは点対称のみ
⇒ 格子は適当な並進対称しか制限を受けない
⇒ 軸の選び方には併進対称の制限のみ（特定の制限はない）

⇒ 三斜晶系

(2) 2回軸を持つ
⇒ この軸に垂直な面内での配列を与える
⇒ 2回軸方向とそれに垂直な面内での周期性を与える

⇒ 単斜晶系

(3) 鏡映面を持つ
⇒ この面内での配列を与える
⇒ この面内とこれに垂直な方向での周期性を与える

⇒ 単斜晶系

(4) 2本の直交する2回軸
＝ 3本目のさらにこれらに直交する2回軸を与える
⇒ この3つの方向での周期性を与える

⇒ 斜方（直方）晶系

(5) 2枚の直交する鏡映面
＝ 3枚目のさらにこれらに直交する鏡映面を与える
⇒ これらの面に垂直の3つの方向の周期性を与える

⇒ 斜方（直方）晶系

(6) 3回軸を持つ
⇒ この軸方向とそれに垂直な面内の周期性を持つ
⇔ 面内の周期には制限がある

⇒ 三方晶系
（菱面体型）

(7) 4回軸を持つ
⇒ この軸方向と，それに垂直な互いに直交する2つの等価な方向の周期性を持つ

⇒ 正方晶系

(8) 6回軸を持つ
⇒ この軸方向とそれに垂直な面内の周期性を持つ
⇔ 面内の周期には制限がある

⇒ 六方晶系

(9) 3回軸に交わる2回軸によってさらに3回軸の生まれる系
⇒ 3回軸で関係付けられた2つの2回軸が互いに直交する
⇒ これらの2回軸は互いに等価である

⇒ 立方晶系

3-2 周期構造と a, b, c 軸の選び方

1章で見たように，結晶は均一な固体で，長距離の3次元的内部秩序（一様性）をもっている。この一様性は，ある固まりを作る単位（パターン）の繰り返しがあるために生じる。実際の結晶ではその単位は原子や分子・イオンである。その一様性は，これらの構成単位がどの場所でも互いに同様な仕方で囲まれていることで作られる。これは無限に広がっていることで成り立つが，端があるので完全ではない。それでも原子や分子・イオンの大きさは幅1 nm以下であることが多く，結晶として生じるものの一辺が1 mmぐらいの大きさだとしても100万個ぐらいのものが並んでいることになるので，無限と考えてもよいだろう。

さて，3次元的な周期構造を見て，誰もが同じ方向に繰り返しの基本パターンがあると受け取ってくれる場合ばかりではない（図3-2参照）。

1次元の列をなしたパターンの周期は，並んだ方向は決まっているので，構成単位の1つの場所から次の構成単位の同じ場所までとすれば決められる。

2次元周期では2つの方向を定めなくてはならない。その組み合わせはいくらでも考えることができる。「コンマ」で示した2次元配列を考えよう。

3-2-1 並進成分の選択法

2次元の規則的に配列した図柄は，例えば1つの方向を x_1, x_2, x_3 など3つの異なった並進方向にとれるし，他の方向を y_1, y_2 などととれて，その周期をそれぞれ a_1, a_2, a_3 としたり，b_1, b_2 とすることができる。これらのどの組み合わせでも同じ平面状のパターンを発生することができる。こうして作った2つの周期単位をベクトルとして $\vec{a}$ と $\vec{b}$ で示し，両者のなす角を γ としておく。

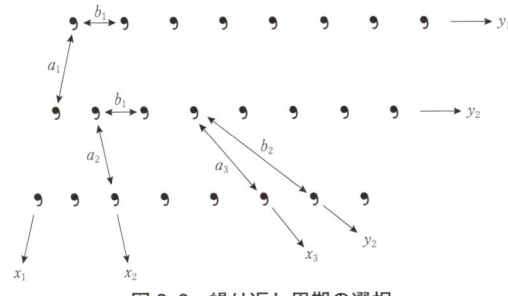

図3-2 繰り返し周期の選択

図3-3の点の作る周期パターンは2つのベクトル $\vec{a}$ と $\vec{b}$ とそのなす角 γ の組み合わせで，まずAのような平行四辺形の単位を考えること

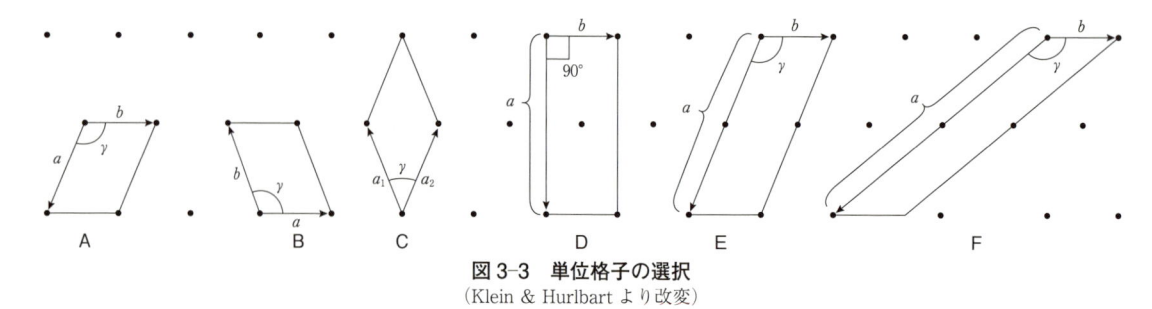

図 3-3 単位格子の選択
（Klein & Hurlbart より改変）

ができる。軸のとる順番を変えるとBの形になる。この2つとも面積の一番小さな単純な格子である。同じく単純な格子のとり方に，ひし形をしたCのとり方も可能である。Cでは2本の軸の長さが等しくとれる。さらに角度に注目して $\gamma = 90°$ にとるとDになる。このとき格子の面積は倍になり，単純ではなく複合格子になる。複合格子としてはEあるいはFも可能で，どれを使っても無限の繰り返しパターンを作れる基礎図形とすることができる。

3-2-2 複合格子の選択

繰り返しの構成単位が対称性をもっている場合を検討しよう。この構成単位が紙面に垂直な2枚の直交する鏡映対称をもっているときの絵柄が次の図3-4である。当然，2枚の鏡映面の交線は紙面に垂直で2回軸となる。したがって各点は $2mm$ 対称である。

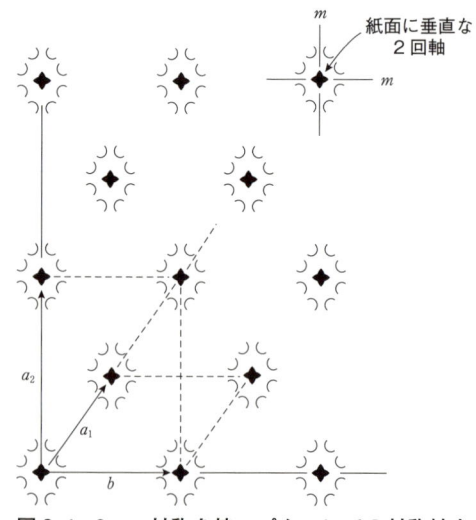

図 3-4 $2mm$ 対称を持つパターンでの対称性を考慮した単位格子の選択
（Klein & Hurlbart より改変）

ここで前節のA，BおよびCのとり方では，単位格子の軸と対称要素は重なり合わないし，単位格子の形は $2mm$ の対称に合わない。Dのとり方をすると，単位格子の面積は2倍になってしまうが，選んだ単位

格子も $2mm$ の対称を示したものにできる。したがってこの場合，単純格子でなく，面積が 2 倍の複合格子をとることによって，単位格子に対称性を与えることができる。

3-3　14 のブラベ（Bravais）格子

3 次元の単位格子が，繰返し周期パターンのもつ対称性を示すように選択する方法は 14 種であることを Auguste Bravais（1811-1863 年）が示した。

単位格子の頂点は格子点と呼ばれ，格子点の含まれ方で格子の型が決まる。

単純格子は平行六面体の頂点にだけ格子点があり，P（primitive）と表記する。

平行な面の中央に格子点を含む形は側面心あるいは底面心格子と呼ばれ，bc 面内にある場合の A，ca 面内の B，ab 面内の C の 3 通りがあり，軸のとり方に応じて表記が変わる。

全ての面の中央に格子点が加わる場合は面心格子と呼ばれ，F（face-centered）で表記される。

格子の中心に格子点が加わる場合は体心格子と呼ばれ，I（ドイツ語の Innenzentrierte：英語だと body-centered）で表記される。

図 3-5 は 14 のそれぞれ独立な形の空間格子（ブラベ格子）を示す。軸の長さは a, b, c，軸間の角度は α, β, γ で示される。それぞれの格子の型はそれぞれに特有の対称性によって辺の長さである a, b, c やその間の角度 α, β, γ に制限を加える。通常の記述ではこれらの間に等価な関係はないが，強制されない関係については括弧の中に示した。

3-3-1　7 つの結晶系と 14 のブラベ格子

三斜晶系では，格子の単位はできるだけ小さくとればよいので，複合格子を考える必要はない。

単斜晶系では通常 b 軸を主軸とする表記をする。そこで B 底面心格子は単位格子の面積を半分にした単純格子に還元できる。他方 A 面心や C 面心は独立している。これが体心格子に変換できる。また B 面心がなかったので F も考えなくてよい。

斜方（直方）晶系では P，C など，F および I の全てが生じる。

正方晶系では 2 種類考えればよいことになる。c 軸を主軸とするので，対称性の制限で A と B 面心は同時になくてはならない。

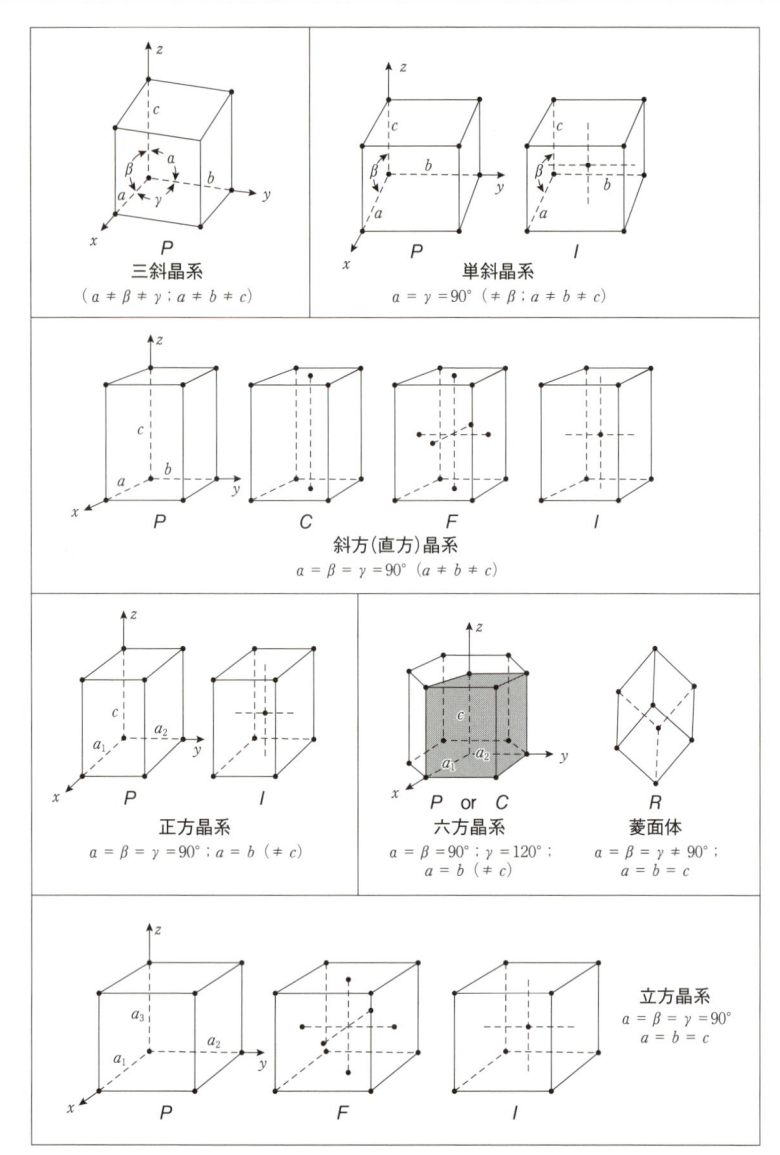

図 3-5 晶系ごとに分類した 14 のブラベ格子
単斜晶系で，単位格子は体心格子と C 面心格子は互いに a 軸の長さと角度 β のとりかたで書き換えることができる。ベクトルで表現したそれらの関係は：$\vec{a}_I = \vec{c}_C + \vec{a}_C$, $\vec{b}_I = \vec{b}_C$, $\vec{c}_I = -\vec{c}_C$ と $\vec{a}_I \sin\beta_I = \vec{a}_C \sin\beta_C$ である。ここで下付の I と C は単位格子の型に対応する。

立方晶系ではおなじみの 3 種類がある。対称性の制限によって側面心（底面心）はあり得ないからだ。

六方晶系では菱面体型の場合の新たな表記法が必要になる。これは R (Rombohedron) で示す。

> **問題**
> 14 のブラベ格子では orthorhombic（斜方（直方）晶系）のみに単純 (P)，底面心 (C)，面心 (F)，体心 (I) の 4 種があるが，他では 2 種ないし 3 種しかない。その一方で triclinic（三斜晶系）では格子を最小限の

周期単位とするので，複合格子にすること自体が矛盾する。
　tetragonal（正方晶系）の場合に，CとFはそれぞれどのようなブラベ格子に還元できるか？

解
CとFは，それぞれ底面積が半分の格子としてPとIに還元できる。
　（注）正方晶系では4回軸との組み合わせが問題となる。底面内の格子点に対しては
- 1つの軸方向の4回対称は保たれている
- 単位格子の繰り返しは，ここに描かれた面での鏡映，または軸での2回対称を許す
- 鏡映面がある場合，4回軸に垂直な軸の選び方は任意である
- 2回軸がある場合，422の対称となるので，対角線方向も同じ対称性になる

という訳で，還元による変化は生じない。

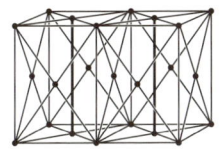

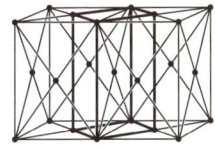

(a) 面心正方格子　　(b) 2格子分　　(c) 中央部に体心正方格子
図　面心正方格子と体心正方格子の関係

コラム　身の周りの適度に周期性のある形や構造物を探せ

　ほとんどの学生は「探してくる」のではなく，「書け」と言われた時に周りを眺めて探すようで，「教室のカベの穴」（吸音用の壁）「教室内の蛍光灯の配置」「教室内の机の配置」のような具合になる。周囲の学生や私の服装から「先生が着ているベストの柄」「チェックのシャツ」「ドット柄のシャツ」「服の模様」と続き，講義で紹介した和模様を思い出すのか，「チェック柄，からくさ模様」「千鳥格子」「洋服の柄（チェックとか，花柄とか）」「トンボが直線に並んだ手ぬぐい」と出てきたり，「網（網戸とか金網とか）」「センロのシキ板」「タイヤの跡」「横断歩道の白線」「電柱」「ふみきりのバー」「チェス盤の白と黒」「道路の点線」「プチプチ…緩衝材」「ルーズリーフの穴」「警察の使う事件現場をかこうテープ」「ラーメン丼ぶりの模様」「段ボールのへこみ」はたまた「ルイ・ヴィトンの財布」とか。
　しかし，中には面白いものを見つけてくる学生もいる。「理髪店のモニュメント？回っているやつ」といって図を入れてくれたり，化学科の学生らしく「ナイロン6,6，シンジオクチック」などの言葉が出てきたりもする。どういう発想なのか「ハチの巣，トンボの眼，板チョコ，DNAの構造」という組み合わせを出すのもいる。「万華鏡，方眼紙，階段」とい組み合わせもあった。

また，身の周りというと，こんなものもあるはずだ。

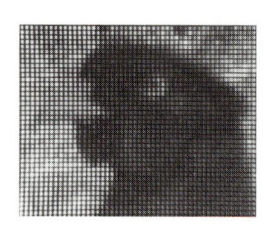

この液晶画面に映し出された写真を拡大して見ると画素が見える。それぞれの色の表示部分の配色がそれぞれの色を示しているのがわかる。

[休憩室] 言葉で対称性を楽しむ―回文（2）

回文には歴史がある。といってもそんなに古い時代のことまで知っている訳ではない。

回文の紹介で必ずあるのが「長き夜の遠のねぶりの皆目覚め波のり船の音のよきかな」の一文で，日本語表記に濁点を無視することで成立したものだが，当時の発音もそのようなものだったのかもしれない。

先日，仙台の西にある作並温泉を尋ねたところ，広瀬川にかかる橋のたもとで右のような碑に出会った。この橋には「回文の里」の看板もあった。「みな草の名は百と知れ，薬なり，すぐれし徳は花の作並（みなくさのなははくとしれくすりなりすくれしとくははなのさくなみ）」の句が刻んである。

幕末の仙台で一千句以上の回文的な和歌・俳諧を創作した細屋勘左衛門（1796-1869年）にちなんだものだそうだ。彼は廻文師などと呼ばれたらしい。現代でもこうした創作を競う会が開かれているそうだ。

「日本ことばあそび回文コンテスト」というのがすでに14回を数えているということだ。宿泊したホテル内の回廊に，そのコンテストでの各回の優秀作品が記されていた。

以前に本の表題で「ダムはムダ」というのがあったが，これは回文の話ではない。

回文を取り上げたものでは，『ダンスがすんだ』（フジモトマサル著，新潮社2004年）はページごとに回文でストーリーが展開している絵本だ。『回文の国へようこそ』（坂崎千春著，中公文庫2003年）もいろいろな回文を見せてくれる。

4 結晶の対称性 Ⅲ
―並進操作を含む対称要素，空間群

　何度も繰り返すが，「結晶の外観は大変美しく，しかも表面は平らでキラッと輝く」。これは微小な規則配列をした単位の連続した集合の結果であることを，18世紀から19世紀の鉱物学者が予見していた。

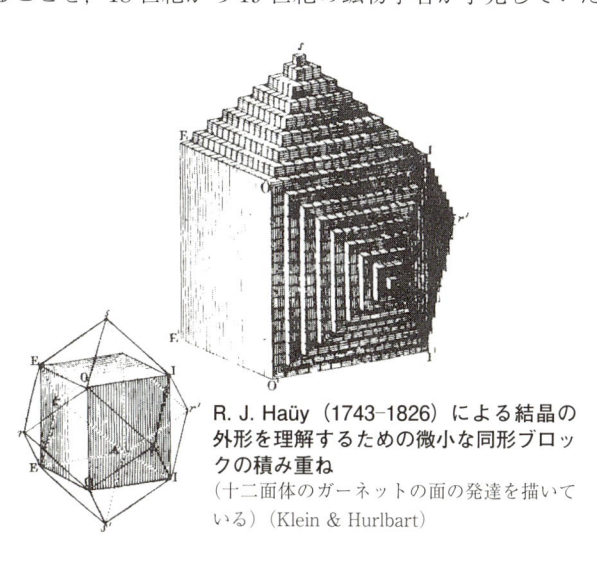

R. J. Haüy（1743–1826）による結晶の外形を理解するための微小な同形ブロックの積み重ね
（十二面体のガーネットの面の発達を描いている）(Klein & Hurlbart)

　そこで結晶は $\vec{a}, \vec{b}, \vec{c}$ によって表示される3つの独立な並進周期ベクトルを持つと言える。ここまで，結晶のこの周期構造に許される回転対称と反転をあわせた対称性の組み合わせで32の晶族が可能であり，これは7つ（6つ）の結晶系（晶系）に分類され，格子点の単位格子としての取り扱いから14のブラベ格子を区別できることを見てきた。

4-1　映　進　面

　結晶の「本質的」なところは，それが無限に連なった周期構造だとみなせる点にある。このことに注意してさらに対称性について考察を進めよう。
　図4-1 (a) は鏡を挟んで上下方向に周期 t で並んだパターンを示している。鏡のどちらの側も一周期上または下に同じ模様がある。さて，

図 4-1

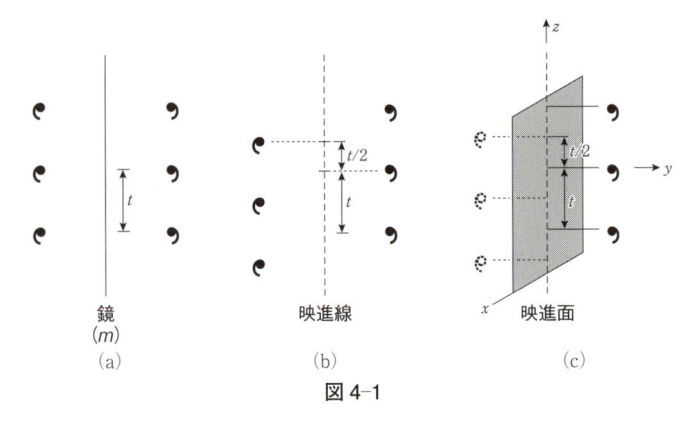

結晶が無限に続く周期構造で，鏡の一方の模様は一度鏡映操作で移されたものが，次の鏡映操作で同じところに移されて来れば単なる鏡映操作の繰り返しになるが，2回目の操作で一周期先の位置に移ってきても支障はない。ただこのとき，2回の操作で1周期移動するので，初めの操作でその中間の位置に持って来られるとすると，この「操作」に一貫性を持たせることができる（(b)図）。この操作を「映して」「進める」ので「映進操作」(glide) という。ちなみに足跡はそんなパターンになっている（図4-2）。3次元の世界では鏡は平面であり，進む方向は投影する面の一方向の直線になり，この対称要素を「映進面」と呼ぶ（(c)図）。

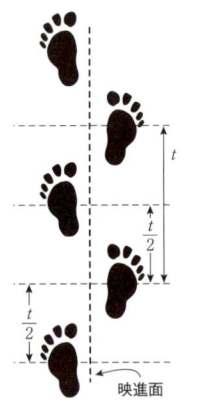

図 4-2　映進面操作
t は並進の周期を表す

4-1-1 映進方向と表示記号

対称平面とその周りの図柄の分布の例を図4-3に示す（紙面の上下方向にa軸，左右方向にb軸をとっている。c軸は紙面に垂直な方向となる）。これらは順に

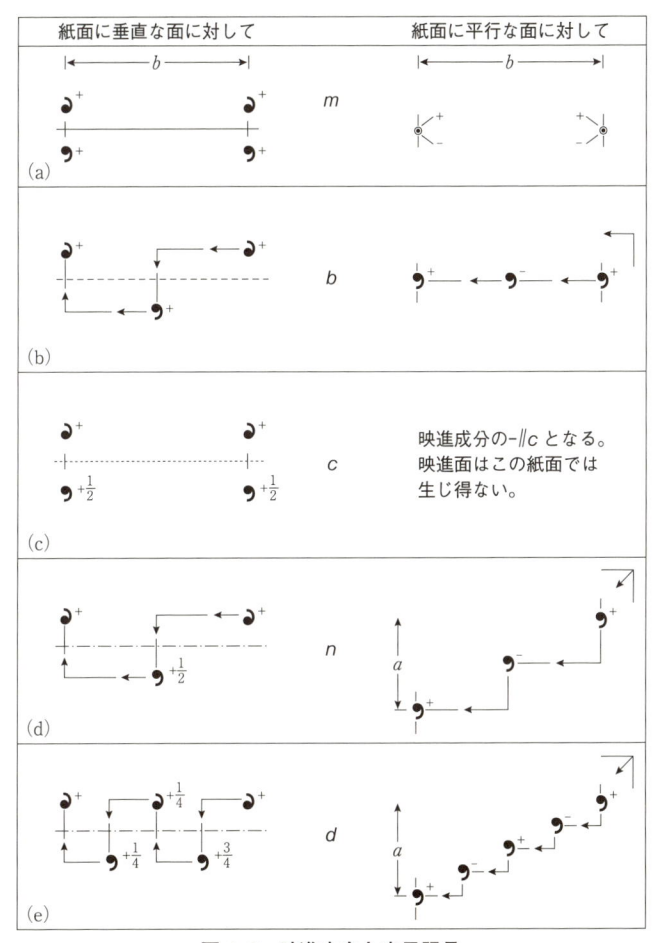

図4-3 映進方向と表示記号

(a) 鏡映面（m），(b) 映進方向がb軸（$b/2$）に平行な映進面（b-glide），(c) 映進方向がc軸（$c/2$）に平行な映進面（c-glide），(d) a軸とb軸に平行な映進成分が同時に（$a/2+b/2$）である対角映進面（n-glide），(e) a軸とb軸に平行な映進成分が同時に（$a/4+b/4$）であるダイヤモンド映進面（d-glide）である。それぞれ左列は紙面に垂直な面に対する対称要素のあるもので，右列は紙面に平行な対称要素のあるものを示す。中央の記号はそれぞれ対称要素の示す記号がある。

38

> **コラム** 街で見られる並進対称と映進対称
>
> 狭い一車線や路地の街灯は並進対称で並ぶ　　ちょっと広い街道筋の街灯は映進対称で配列される

*1　泡坂妻夫，『家紋の話―上絵師が語る紋章の美』，新潮選書（1997年）。
*2　一筆書きになっているような単純なのに面白い柄がある。
*3　ちょっと配列を変えただけで，違って見える。

> **コラム** 江戸の模様を眺めてみよう*1
>
> 迷　路*2
>
> 松皮菱透かし*3　　　　　　　　角平松皮菱

4-2 らせん軸

次に回転操作と並進操作の組み合わせを見よう。

4回回転による模様の生成（a）とこの並進と回転との組み合わせ（b）を図4-4に示した。この組み合わせがらせん運動（4_1）をもたらす。

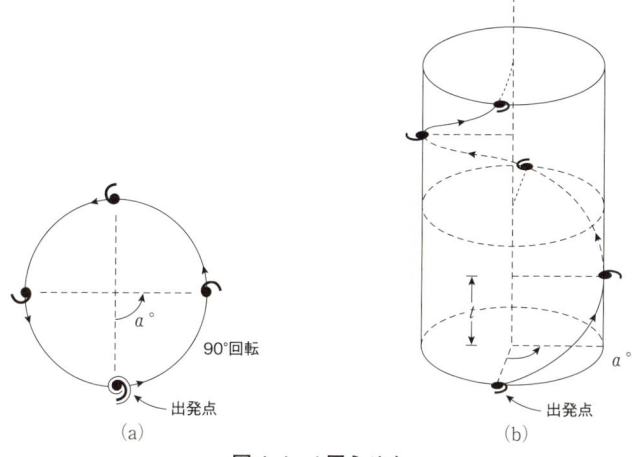

図4-4　4回らせん

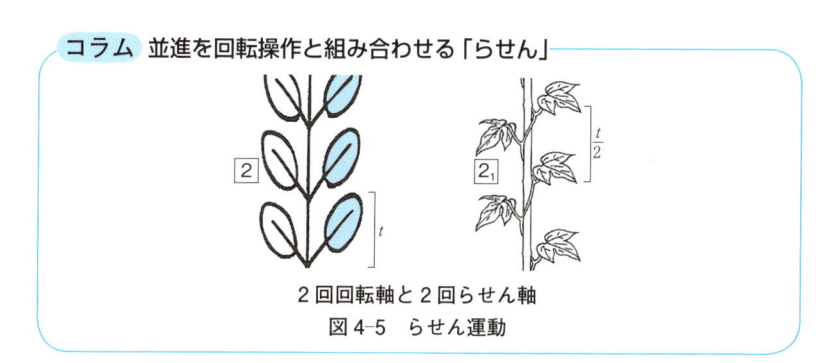

コラム　並進を回転操作と組み合わせる「らせん」

2回回転軸と2回らせん軸

図4-5　らせん運動

4-2-1　回転軸との組み合わせで生じるらせん軸

らせん軸による図柄の繰り返し方を図4-6に示す。左側の列は回転対称だけの場合を示し、その右側に対応する等角のらせん軸を示した。それぞれの軸の記号は国際的な標準である。投影図は図4-7を参照せよ。

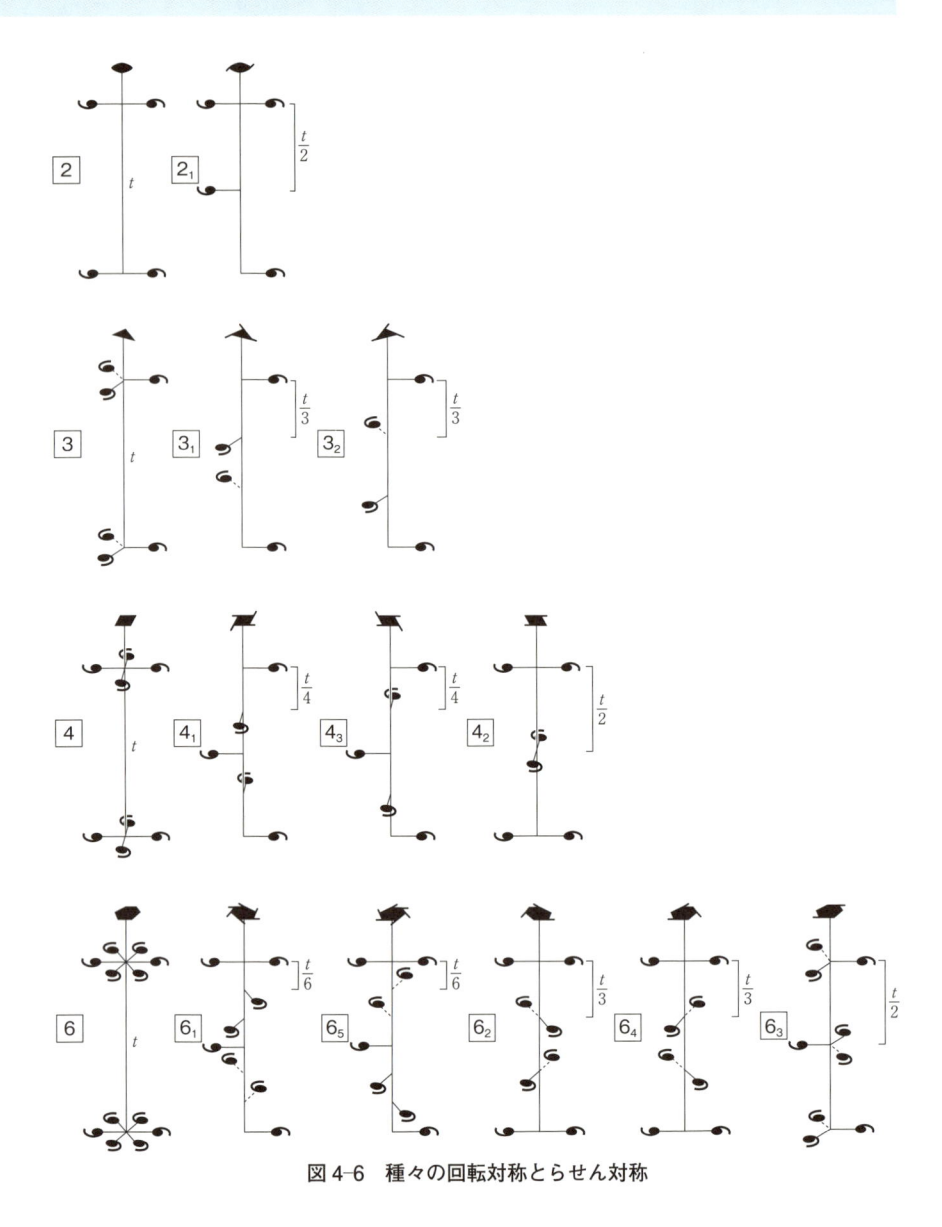

図 4-6　種々の回転対称とらせん対称

4-2-2　らせん軸の表示法

いくつかの回転軸と等角のらせん軸の例（図 4-7）を詳しく見よう。

(a) 2回回転軸とその等角らせん軸。破線の円は回転軸が紙面に垂直にあるときに図柄を移動させる軌道を示している。

(b) 同じ軸が紙面内の左右方向に寝ているときのもので，上が2回軸，下が2回らせんになる。

(c) 4回回転軸と2つのその鏡像体の関係にあるらせん軸。らせんの回転方向は矢印で示している。

(d) 6回回転軸と等角の2つの鏡像体の関係にある6回らせん軸。

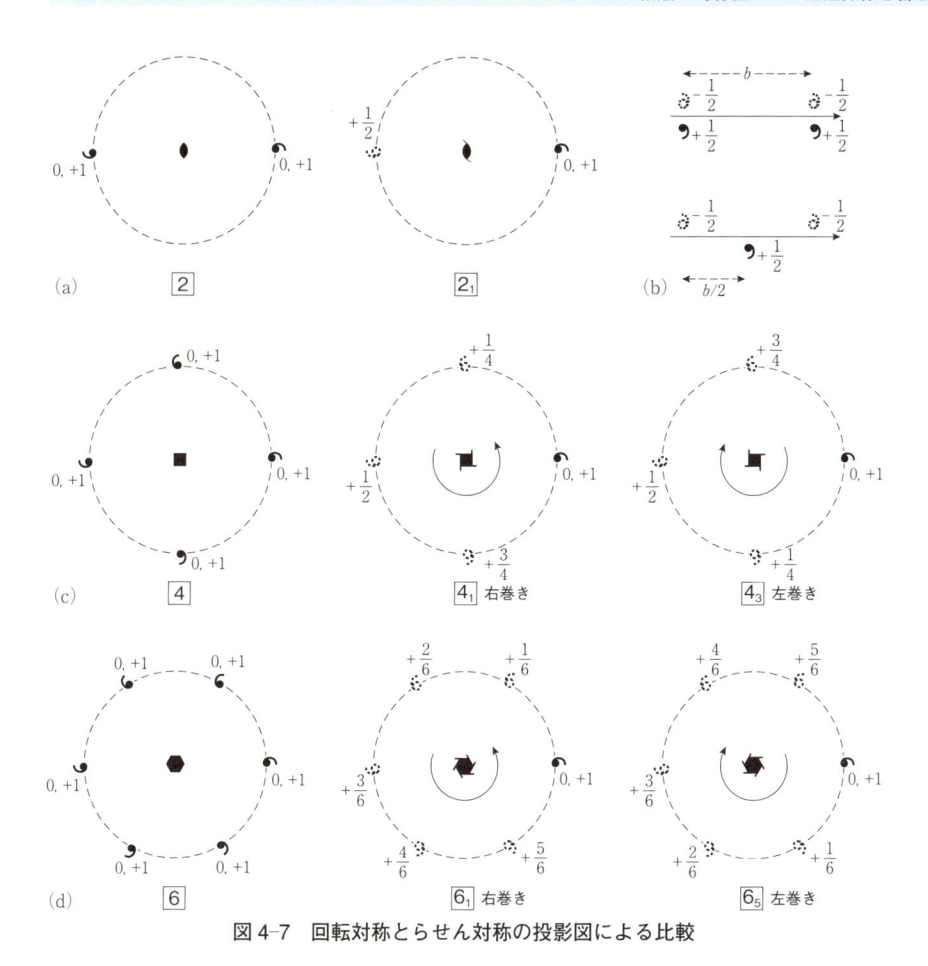

4 結晶の対称性 Ⅲ―並進操作を含む対称要素，空間群   41

(a) 2   2₁   (b)

(c) 4   4₁ 右巻き   4₃ 左巻き

(d) 6   6₁ 右巻き   6₅ 左巻き

図 4-7 回転対称とらせん対称の投影図による比較

ここで 3₁ らせんと 3₂ らせんの関係を見てみよう（図 4-8）。

3₁ らせんでは，1/3 回転（120° 回転）に引き続き 1/3 周期の前進を組合わせる。するとこれは，図 4-8（a）に見るように，3 回の操作で 1 周期先のもとの位置にたどりつく。3₂ らせんの場合は 1/3 回転に引き続き前進に 2/3 周期とする。すると，この 3 回の操作は 2 周期先の元の位置に運んでしまう。しかしこの操作を 1 周期目で表示すると，図 4-8（b）と（a）の 3₁ とは逆回りで，1 周期分を完結しているものであることがわかる。

問題

らせん軸の 4₁ や 4₃ は互いに逆向きに進むらせん対称であることがわかった。この説明に従って，4₂ らせんを解釈をせよ（どんな内容の対称操作なのか）。

解

4 分の 1 回転（90° 回転）して 1/2 周期の前進をする。次の 1/4 回転では合計 1 周期分の前進となり，1 周期違った元の模様をちょうど軸の反対側に見ることになる。3 回目の 1/4 回転ではさらに 1/2 周期の前進を加え

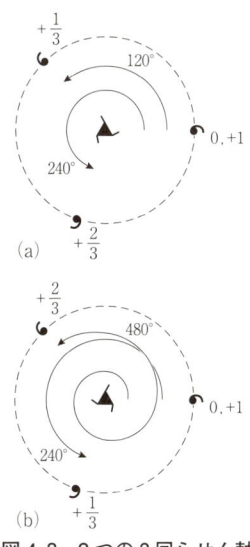

図 4-8 2 つの 3 回らせん軸

ることになって，2回目の操作によるものの1周期先のものと反対側にくる。そして4回目の操作は2周期先の元の位置にくる。どのブロックでも同じ操作を加えることになるので，結局図4-9の軌跡を単位周期内では見せることになる。

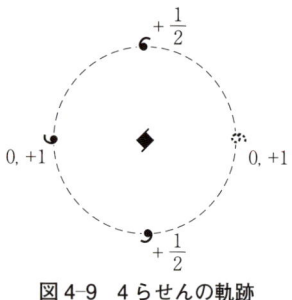

図4-9　4らせんの軌跡

4-3 空間群

　ここまでに出てきた対称要素は，「無限に繰り返す」周期を持った構造に許される対称性であり，これらの可能な組み合わせは全部で230種あることがわかっている。3次元空間を埋め尽くすことのできる対称性なので，これを空間群と呼ぶ。これを晶族ごとに分類すると表4-1となる。

表 4-1 230 の空間群

晶　族	空　間　群
1	P1
$\bar{1}$	P$\bar{1}$
2	P2, P2$_1$, C2
m	Pm, Pc, Cm, Cc
2/m	P2/m, P2$_1$/m, C2/m, P2/c, P2$_1$/c, C2/c
222	P222, P222$_1$, P2$_1$2$_1$2, P2$_1$2$_1$2$_1$, C222$_1$, C222, F222, I222, I2$_1$2$_1$2$_1$
mm2	Pmm2, Pmc2$_1$, Pcc2, Pma2, Pca2$_1$, Pnc2, Pmn2$_1$, Pba21, Pnn2, Cmm2, Cmc2$_1$, Ccc2, Amm2, Abm2, Ama2, Aba2, Fmmc, Fdd2, Imm2, Iba2, Ima2
2/m2/m2/m	P2/m2/m2/m, P2/n2/n2/n, P2/c2/c2/m, P2/b2/a2/n, P2$_1$/m2/m2/a, P2/n2$_1$/n2/a, P2/m2/n2$_1$/a, P2$_1$/c2/c2/a, P2$_1$/b2$_1$/a2/m, P2$_1$/c2$_1$/c2/n, P2/b2$_1$/c2$_1$/m, P2$_1$/n2$_1$/n2/m, P2$_1$/m2$_1$/m2/n, P2$_1$/b2/c2$_1$/n, P2$_1$/b2$_1$/c2$_1$/a, P2$_1$/n2$_1$/m2$_1$/a, C2/m2/c2/m, C2/m2/c2$_1$/a, C2/m2/m2/m, C2/c2/c2/m, C2/m2/m2/a, C2/c2/c2/a, F2/m2/m2/m, F2/d2/d2/d, I2/m2/m2/m, I2/b2/a2/m, I2/b2/c2/a, I2/m2/m2/a
4	P4, P4$_1$, P4$_2$, P4$_3$, I4, I4$_1$
$\bar{4}$	P$\bar{4}$, I$\bar{4}$
4/m	P4/m, P4$_2$/m, P4/n, P4$_2$/n, I4/m, I4$_1$/a
422	P422, P42$_1$2, P4$_1$22, P4$_1$22, P4$_1$2$_1$2, P4$_2$22, P4$_2$2$_1$2, P4$_3$22, P4$_3$2$_1$2, I422, I4$_1$22
4mm	P4mm, P4bm, P4$_2$cm, P4$_2$nm, P4cc, P4nc, P4$_2$mc, P4$_2$bc, I4mm, I4cm, I4$_1$md, I4$_1$cd
$\bar{4}$2m	P$\bar{4}$2m, P$\bar{4}$2c, P$\bar{4}$2$_1$m, P$\bar{4}$2$_1$c, P$\bar{4}$m2, P$\bar{4}$c2, P$\bar{4}$b2, P$\bar{4}$n2, I$\bar{4}$m2, I$\bar{4}$c2, I$\bar{4}$2m, I$\bar{4}$2d
4/m2/m2/m	P4/m2/m2/m, P4/m2/c2/c, P4/n2/b2/m, P4/n2/n2/c, P4/m2$_1$/b2/m, P4/m2$_1$/n2/c, P4/n2$_1$/m2/m, P4/n2$_1$/c2/c, P4$_1$/m2/m2/c, P4$_2$/m2/c2/m, P4$_2$/n2/b2/c, P4$_2$/n2/n2/m, P4$_2$/m2$_1$/b2/c, P4$_2$/m2$_1$/n2/m, P4$_1$/n2$_1$/m2/c, P4$_2$/n2$_1$/c2/m, I4/m2/m2/m, I4/m2/c2/m, I4$_1$/a2/m2/d, I4$_1$/a2/c2/d
3	P3, P3$_1$, P3$_2$, R3
$\bar{3}$	P$\bar{3}$, R$\bar{3}$
32	P312, P321, P3$_1$12, P3$_1$21, P3$_2$12, P3$_2$21, R32
3m	P3m1, P31m, P3c1, P31c, R3m, R3c
$\bar{3}$2/m	P$\bar{3}$1m, P$\bar{3}$1c, P$\bar{3}$m1, P$\bar{3}$c1, R$\bar{3}$m, R$\bar{3}$c
6	P6, P6$_1$, P6$_5$, P6$_2$, P6$_4$, P6$_3$
$\bar{6}$	P$\bar{6}$
6/m	P6/m, P6$_3$/m
622	P622, P6$_1$22, P6$_5$22, P6$_2$22, P6$_4$22, P6$_3$22
6mm	P6mm, P6cc, P6$_3$cm, P6$_3$mc
$\bar{6}$m2	P$\bar{6}$m2, P$\bar{6}$c2, P$\bar{6}$2m, P$\bar{6}$2c
6/m2/m2/m	P6/m2/m2/m, P6/m2/c2/c, P6$_3$/m2/c2/m, P6$_2$/m2/m2/c
23	P23, F23, I23, P2$_1$3, I2$_1$3
2/m$\bar{3}$	P2/m$\bar{3}$, P2/n$\bar{3}$, F2/m$\bar{3}$, F2/d$\bar{3}$, I2/m$\bar{3}$, P2$_1$/a$\bar{3}$, I2$_1$/a$\bar{3}$
432	P432, P4$_2$32, F432, F4$_1$32, I432, P4$_3$32, P4$_1$32, I4$_1$32
$\bar{4}$3m	P$\bar{4}$3m, F$\bar{4}$3m, I$\bar{4}$3m, P$\bar{4}$3n, F$\bar{4}$3c, I$\bar{4}$3d
4/m$\bar{3}$2/m	P4/m$\bar{3}$2/m, P4/n$\bar{3}$2/n, P4$_2$/m$\bar{3}$2/n, P4$_2$/n$\bar{3}$2/m, F4/m$\bar{3}$2/m, F4/m$\bar{3}$2/c, F4$_1$/d$\bar{3}$2/m, F4$_1$/d$\bar{3}$2/c, I4/m$\bar{3}$2/m, I4$_1$/a$\bar{3}$2/d

* *International Tables for X-ray Crystallography*, 1969, vol 1, による。N. F. M. Henry and K. Lonsdale, eds.: Symmetry Groups. International Union of Crystallography, Kynoch Press, Birmingham, England.

> **コラム** 江戸の伝統模様：紗綾形

　江戸の模様は手ぬぐいなどの染物あるいはふすま模様がある。これらに3次元ではなく2次元の平面状の対称的模様である。

　空間群は3次元での対称要素の組み合わせによるものでは，2次元平面では17の平面群となる。

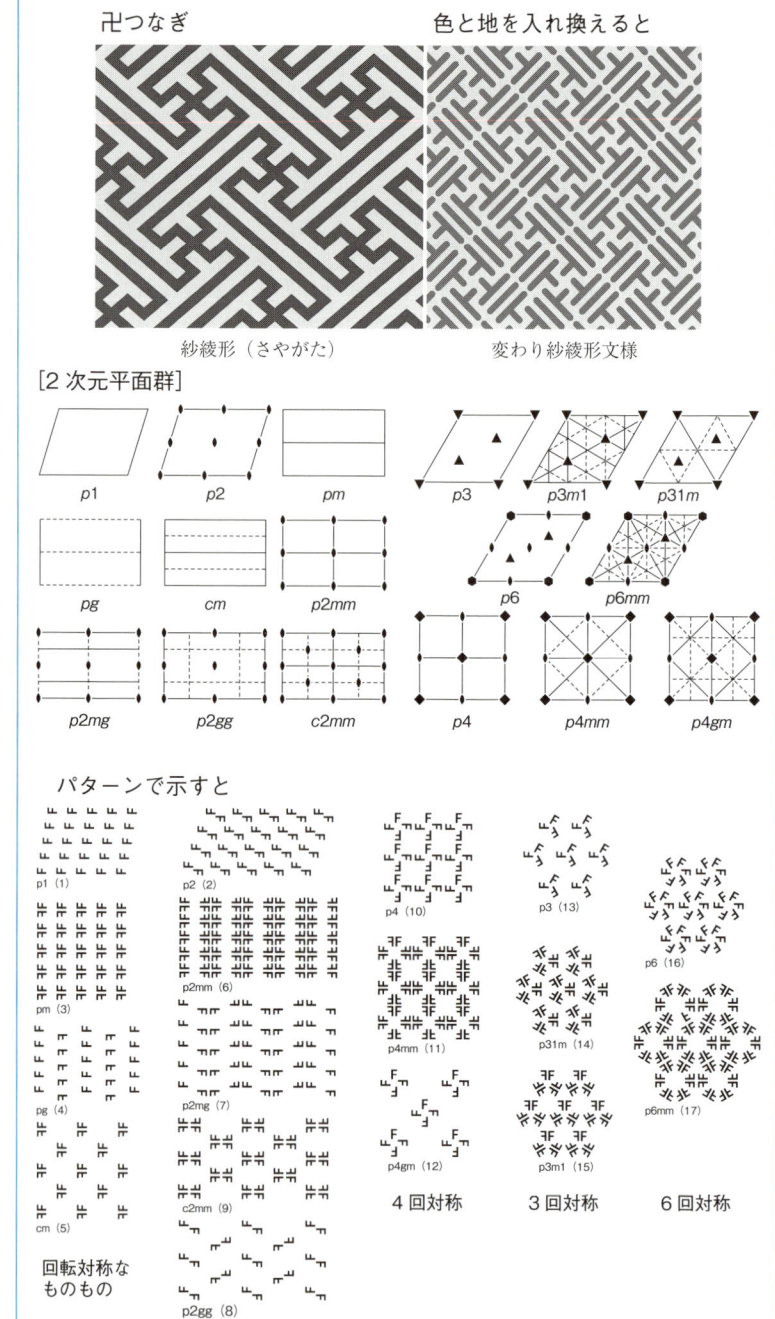

卍つなぎ　　　　　　　色と地を入れ換えると

紗綾形（さやがた）　　　　変わり紗綾形文様

[2次元平面群]

p1　p2　pm　p3　p3m1　p31m
pg　cm　p2mm　p6　p6mm
p2mg　p2gg　c2mm　p4　p4mm　p4gm

パターンで示すと

p1 (1)　p2 (2)　p4 (10)　p3 (13)　p6 (16)
pm (3)　p2mm (6)　p4mm (11)　p31m (14)
pg (4)　p2mg (7)　p4gm (12)　p3m1 (15)　p6mm (17)
cm (5)　c2mm (9)　　4回対称　3回対称　6回対称

回転対称なものもの

p2gg (8)

2回対称を持つもの

　こうした対称性を駆使した模様がアルハンブラ宮殿にはあるということだが…。

[休憩室] 言葉で対称性を楽しむ―回文（3）

なにも回文は日本語に限らないし，原点は世界中にあったのかもしれない。回文の発明者・開拓者を調べると，紀元前 3 世紀のギリシャ領エジプトにいた詩人の名が出てくる。その作品はわからないが…。

英語圏では palindrome として，文字ごとの回文，例えば有名なのが「Madam, I'm Adam」とか「A man, a plan, a canal Panama」があり，また単語ごとのものに，イギリスの J. A. リンドンの作，「Girl, bathing on Bikini, eyeing boy, /finds boy eyeing bikini on bathing girl.」がある。

後者類が，物理学者のヘルマン・ワイル（1885-1955 年）によって作られている。

　　　Is it odd how asymmetrical
　　　Is "symmetry"?
　　　"Symmetry" is asymmetrical.
　　　How odd it is.

【質問コーナー】

質問 1　「centric（中心対称）」と「acentric（非中心対称）」の区別どうしてするの。

答　対称心を持つ晶系か持たない晶系かという区別です。2-4-2 節を見てください。この区別は後で調べる回折強度の分布の仕方と関係があります。解析プログラムには表 2-2 のような表示がされて，測定結果との対応表が提示されているでしょう。これによって，空間群（4 章）の絞り込みができます。

理論的強度分布

Z =	0.1	0.2	0.3	0.4	0.5	0.6	0.7	0.8	0.9	1.0
centric	0.248	0.345	0.419	0.479	0.520	0.561	0.597	0.629	0.657	0.683
acentric	0.095	0.181	0.259	0.330	0.394	0.451	0.503	0.551	0.593	0.632
deviation	−0.153	−0.164	−0.160	−0.149	−0.126	−0.110	−0.094	−0.078	−0.064	−0.051

theoretical average deviation⇒−0.115

詳しくは 9 章で再訪します。

質問 2　「chiral 結晶」と「achiral 結晶」という区別もあるようですが。

答　左右像あるいは対掌体の一方のみからなることができる結晶は「chiral 結晶」です。対称心があれば「achiral 結晶」ですが，対称心がなくても鏡映面や映進面（3 章）があると左右像を等しく含むことになり，「achiral 結晶」になります。この区別は表 2-1（p.22）参照。

質問 3　「polar 結晶」というのは？

答　極性結晶ですね。質問 1 で分類された「acentric」（非中心対称）結晶は基本的に圧電効果（ピエゾ効果 piezoelectricity）を持ちます。その内で立方の 432 が例外となり，合計 20 の晶族になります。このうちの半分，10 の晶族は焦電効果（ピロ効果 pyroelectricity）をもつ極性結晶になります。それらは掌性のもののうちの，「1」，「2」，「3」，「4」，「6」

非中心対称：acentric
中心対称：centric
掌性：enantiomorphous
非掌性：non-enantiomorphous

と非掌性のもの*m*, *mm*2, 3 *m*, 4 *mm* および 6 *mm* です。これらは結晶の主軸の向きの反転に対して等価にはなりません。

　極性結晶で重要なことは，主軸の方向の原点が一義的に決まらないことです。解析の際には1つの原子のこの方向の座標を固定する必要があります。特に「1」では原点の指定が全く任意になります。最近のプログラムでは，おそらく先頭におかれた原子の座標を固定しているはずです。

5 X 線

電磁波の一種であるX線は，ウィルヘルム・コンラッド・レントゲン（Wilhelm Conrad Röntgen; 1845-1923年）によって，1895年に発見された。この発見史やレントゲンの生涯については

 青柳泰司，『近代科学の扉を開いた人　レントゲンとX線の発見』，
  恒星社厚生閣（2000年）.
 山﨑岐男，『孤高の科学者　W. C. レントゲン』，医療科学社（1995
  年）

に詳しい。

5-1 X線の発見

レントゲンがX線を発見した装置と時代を今という時代から眺めてみると，化学の教科書で関連する内容は，まずJ. J. Thomson（1856-1940年）による陰極線の比電荷の測定（1897）が時代も近いし同じような実験装置を使っている。この時代は「陰極線」の研究が盛んだった。詳しい競争劇は前掲書を参照して欲しい。

まずは普通の放電管を使った研究によって，陽極の金属板から出てくる見えない何かが蛍光板を光らせることに気付き，X線と名づけた。

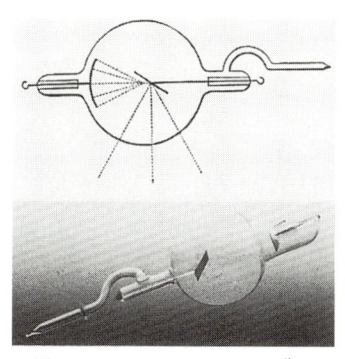

図 5-1　レナルト管[*1]　　図 5-2　フォーカスチューブ[*2]

[*1] 初期の放電管
[*2] X線を効率よく取り出せるようにした放電管

そのX線を効率よく取り出すための放電管が作られるといった順序だろう。

発見当時，とにかく何だかわからないが金属は透過しないのに多くの物を透過し，写真乾板に後を残したり，蛍光板を光らせたりするということで，具体的には医学への応用が先だった。

X線の発見は50歳のときだが，レントゲンはその後放射線障害を強く受けることはなく（これは様々な障害があったためだが），当時としては長命を保った。

図5-3 ギーセン大学物理学教授時代のレントゲン夫妻

5-2 X線の発生

電磁波は電子の運動状態の変化と結びついている。電子の運動変化としては

① 急停止（衝突）などの運動変化
② 原子内状態変化
③ 高速運動をする電子の運動方向変化

がその原因となれる。

① 電子が金属板に当たるなどして運動エネルギーが失われると，その分のエネルギーが電磁波となって放出される。

② 原子内の電子の準位間移動がそのエネルギー差を電磁波として吸収・放出する。

③ 高速運動する電子の軌道を曲げると，遠心力に相当するエネルギーを電磁波として放出する。

5-2-1 X線管球

前記①と②の方法の使える実験室系の装置がX線管球である。外観を右図に示す。これは新品で，下の方に金属Beの「窓」が見えるが，直接触れないようにカバーがしてある。この構造の概略を次の図に示す。

図5-4は，管球の実物写真を上下反転させて示している。ターゲットとある金属板に，カソードからの電子線が衝突する。金属板から生じるX線は，Beの窓を通る部分だけが外に出てくる。金属板は冷却水を連続的に図の上側から浴びて冷やされる。

図5-4 X線管球

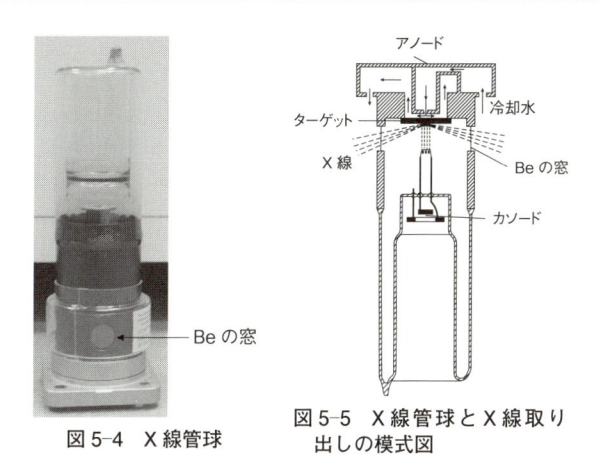

図5-5 X線管球とX線取り出しの模式図

Beの窓は金属板を数度の角度で見込むように配置している。そして金属板は長さが6：1の長方形になっていて，窓との関係が図5-6のようになっている。そのおかげで，X線の取り出し口からは窓を選ぶと2種類のビームの形のどちらかを取り出せることになる。

正方形になる取り出し口からのX線が単結晶用として用いられ，細い線状になる取り出し口からのものは粉末回折用に用いられる。

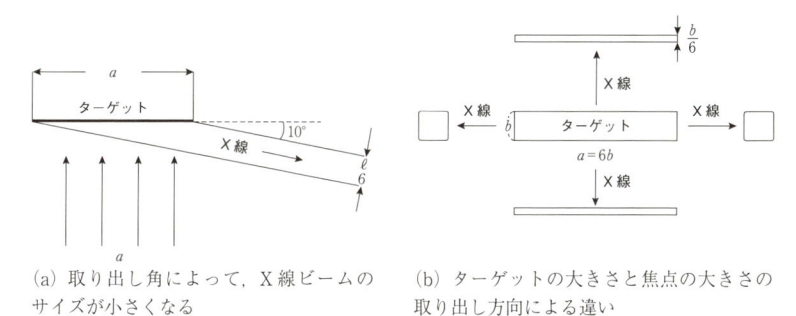

(a) 取り出し角によって，X線ビームのサイズが小さくなる

(b) ターゲットの大きさと焦点の大きさの取り出し方向による違い

図5-6 ターゲットとX線取り出し方向

5-2-2 加速電圧と発生するX線の強度

X線管球では，カソードからの電子が金属板に衝突して，その衝突のエネルギーがX線として放出される。それはエネルギーが高ければ高いほど $E=h\nu$ の関係から振動数の高い，波長の短いX線を放出することになる。しかし，放出される電磁波のエネルギーは統計的な分布をもち，例えばW（タングステン）板をもつ管球で電子の加速電圧を変えて発生するX線のエネルギー分布は図5-7のように変化する。それぞれ連続スペクトルを与えるので，白色X線と呼ばれるパターンを示す。これは①の型で生じるX線である。

ターゲットの金属板を換えると，同じ加速電圧でも放射X線の強度分布の異なるものが出てくる（図5-8）。この図のMoの場合に見られる狭いスペクトル幅の鋭いピークは元素に特徴的で，特性X線と呼ば

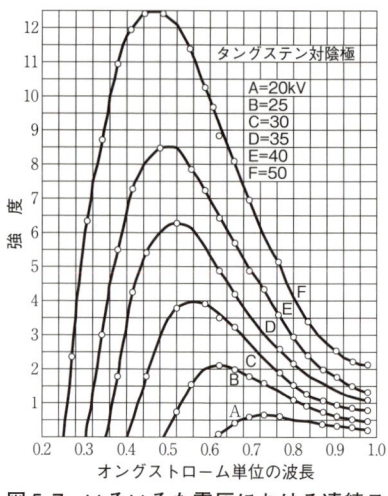

図5-7 いろいろな電圧における連続スペクトル

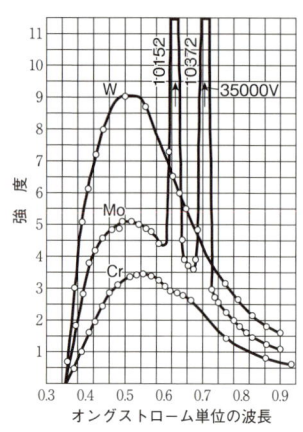

図5-8 種々の対陰極によるX線スペクトル

れる。これはヘンリー・グウェン・ジェフリース・モーズレー（Henry Gwyn Jeffreys Moseley: 1887–1915 年）によって 1913 年に発見され，多くの金属元素について測定して，モーズレーの法則としてまとめられた。これが②の形で生じる X 線である。

5-2-3　特性 X 線とモーズレーの法則

特性 X 線についてのモーズレーの法則は

$$\sqrt{\bar{\nu}} = K(Z-\sigma)$$

で表わされる。ここで，$\bar{\nu}$ は発生する X 線の波数，Z は原子番号，そして K と σ はスペクトル線の種類によって決まる定数である。

これは原子内の電子の移動で説明でき，内殻の電子が衝突した電子によってはじき出され，そうしてできた空席に高準位の電子が移り，その準位間のエネルギー差に等しいエネルギーの電磁波を放出するからである。

一番内側を K 殻として，ここに電子が飛び込んで生じる X 線は K に分類され，飛び込む電子の居たところに応じて，近いところから順に，α，β…が組み合わされる。したがって，現代風には $n=2$ の準位から $n=1$ の準位への遷移では $K\alpha$ 線ということになる（選択則があるので，K 殻以上の準位との関係は複雑になる。遷移ごとの名称には量子論が確立していなかった時代の名残がある）*。

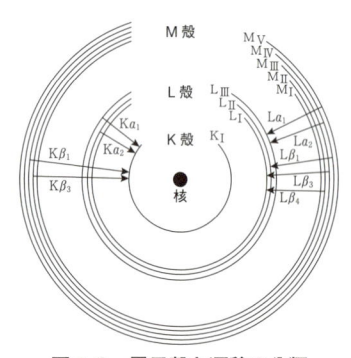

図5-9　電子殻と遷移の分類

*特性 X 線の発見では 1917 年にバークラ（C. G. Bavkla）がノーベル物理学賞を得た。彼の時代はボーアの原子模型が発見されたばかりでもあり，中性子も知られていなかった。そのため，核の質量を説明するため，核内にも電子の準位が隠れているかもしれないと考えて，その分に 10 個分のアルファベットをとっておくことにした。

5-2-4　放　射　光

現代は物理実験のための高エネルギー条件を研究するための施設がある。日本では高エネルギー加速器研究機構の Photon Factory からスタ

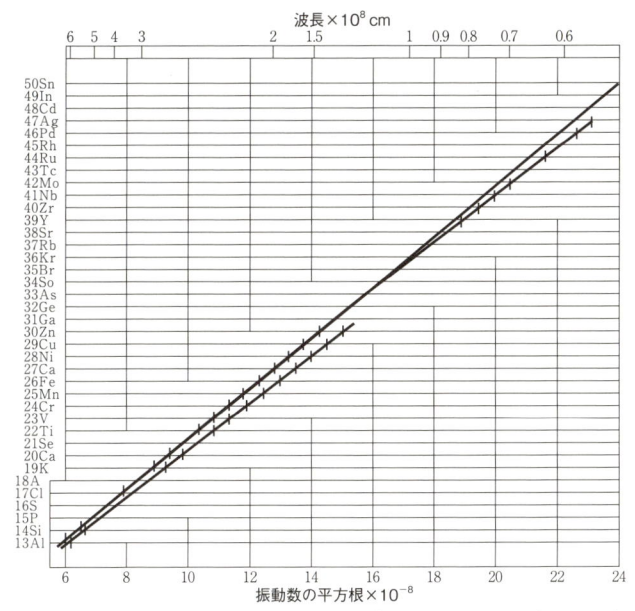

図 5-10 アルミニウムからスズまでの元素の K スペクトル（Moseley）

ートし，1997 年に兵庫県に SPring-8 という施設が誕生して活躍している。ここでは光速に近い速度で運動する電子団を磁場によって運動方向を曲げて（フレミングの法則）円運動させている。その曲がりの応じた遠心力を電磁波に変えて様々な電磁波を発生させている。

磁石が単独であると曲げの強度に応じた電磁波を発生させる（③の型）。複数の磁石を周期的に配列しておくと，あたかも電子団がスキーのウエーデルンをしているかの様に運動して，連続的に電磁波を放出するので，強度の大きい電磁波を得ることが

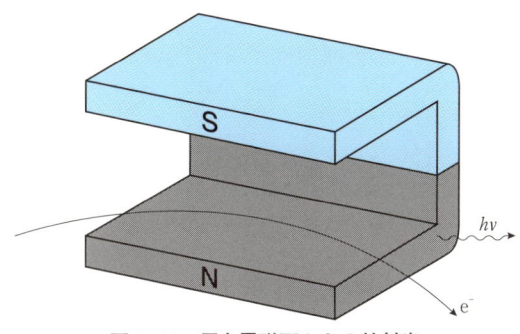

図 5-11 偏向電磁石からの放射光

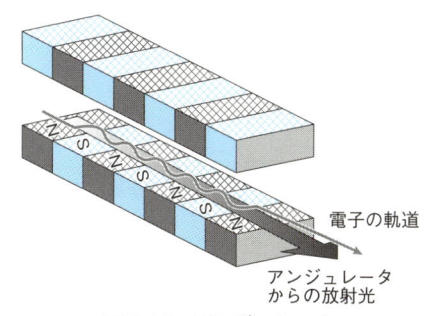

図 5-12 アンジュレータ

図 5-13 SPring-8

できる（図5-12）。

なおX線よりもさらに波長の短い電磁波としてγ線がある。これは電子の運動変化によるものではなく，原子核の崩壊に伴うものを指す。したがって，波長とか振動数によるX線とγ線の境は他の電磁波の境界のようにははっきりとはせずに曖昧である。

> **コラム 可視光とX線の激しさの比較**
>
> 波長あるいは振動数で可視光とX線とがどれほど違うのかを比べてみよう。図は可視光のうちの3原色，赤，緑，青の振動を，X線の振動と比べるために描いたものだ。3原色の波長をそれぞれ420, 590, 670 nmとしてみて，ここにX線を重ねようと思ったが，その波長は5 Åにせざるを得なかった。そうしないとこの図上では，波動の計算値がきれいに波打ってくれなかったためだ。X線はこんなに激しく振動する電磁波なのだ。
>
> 可視光とX線の振動周期比べ

> **コラム エネルギーのeV表示**
>
> エネルギーのSI補助単位はJ（ジュール）である。
> 電子1個を扱うにはこれでは大きすぎる。
> 電子1個に対する単位としてeVを用いる。
> 電子1個を1Vの電位差で加速したときの運動エネルギーが1 eVで，
> 　1 V＝1J/C と
> 電子の電荷 1.602×10^{-19} C より
> 1 eV＝1.602×10^{-19} C×1 V＝1.602×10^{-19} J
> 光のエネルギーも $E=h\nu$ の関係を使ってeV単位で表示されることがある
> 例　Cu $K\alpha$ 線（λ＝1.542 Å）をeV単位表示する。
> E(Cu $K\alpha$)＝(6.63×10^{-34} Js)×(3.00×10^8 ms^{-1})/(1.542×10^{-10} m)
> 　　　　　＝12.9×10^{-16} J
> 　　　　　＝12.9×10^{-16} J/(1.602×10^{-19} J/eV)
> 　　　　　＝8.05×10^3 eV（＝8.05 keV）

> **問題 エネルギー換算**
>
> ・単結晶X線構造解析のデータ収集には，特に有機物の構造解析には強度の点で有利で扱いやすいCu $K\alpha$ 線が用いられる。
> ・無機化合物のように高角度側まで回折強度を与える物質に対しては，回

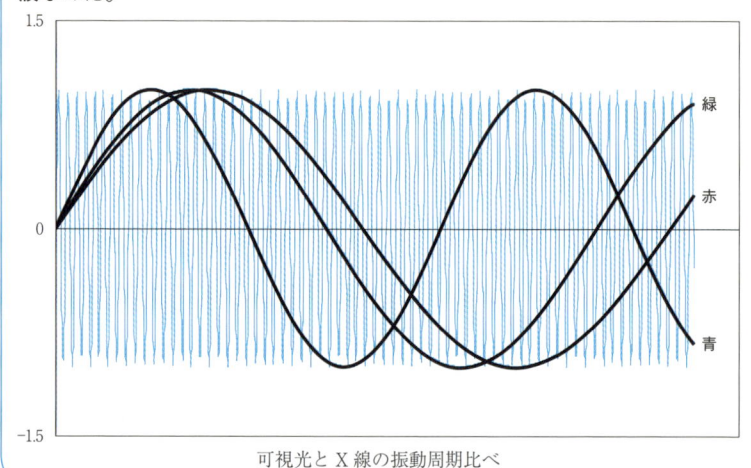

折角度を広く取れるように，波長が半分程度の Mo $K\alpha$ 線が使われる。
(1) Mo $K\alpha$ 線の波長は 0.7107 Å である。このエネルギーを eV 単位で求めよ。
(2) 日本の放射光施設である SPring-8 では，8 GeV のエネルギーまで出せる。このとき放出される最大エネルギーの X 線の波長を求めよ。

解

SPring-8 での 8 GeV は
・E(Cu $K\alpha$) = 8.05×10^3 eV (= 8.05 keV) と比べて，6桁エネルギーが大きい
・波長は6桁小さくなるだろう
・だからだいたい，Cu $K\alpha$ 線（λ = 1.542 Å）の 10^{-6} 倍 ⇒ 1.5×10^{-16} m = 0.15 fm
・でも，有効数字は1桁!?

Mo $K\alpha$ 線のエネルギーは，有効数字3桁で求めると
・E(Mo $K\alpha$)
  = $(6.63 \times 10^{-34}$ Js$) \times (3.00 \times 10^8$ ms$^{-1})/(0.7107 \times 10^{-10}$ m$)$
  = 28.0×10^{-16} J$/(1.602 \times 10^{-19}$ J/eV$)$
  = 17.5×10^3 eV
  = 17.5 keV
・あるいは有効数字4桁では
  = $(6.626 \times 10^{-34}$ Js$) \times (2.998 \times 10^8$ ms$^{-1})/(0.7107 \times 10^{-10}$ m$)$
  = 27.95×10^{-16} J$/(1.602 \times 10^{-19}$ J/eV$)$
  = 17.45×10^3 eV
  = 17.45 keV

・なお，Cu $K\alpha$ 線（λ = 1.542 Å）と比べると Mo $K\alpha$ 線（λ = 0.7107 Å）は半分弱だ。
・エネルギーとして得た値を比べると，Cu $K\alpha$ 線（8.05 keV）に対して Mo $K\alpha$ 線（17.5 keV）

5-3 X 線の検出法

X 線の検出は次のような手段で行う。
(1) 有無を検出する→蛍光板
(2) 強度のみの検出する→シンチレーションカウンター
(3) 位置と強度を検出する→1次元カウンター，2次元カウンター
   （CCD，IP，写真乾板）

(1) 測定装置

長らく写真法による測定が行われ，X 線強度は目視による読み取りがなされてきたが，シンチレーションカウンターの登場によって，強度測定は飛躍的に精度が上がった（1960年代）。さらに，計算機制御による自動化が行われ，写真法の時代には測定と強度の読み取りに数か月を

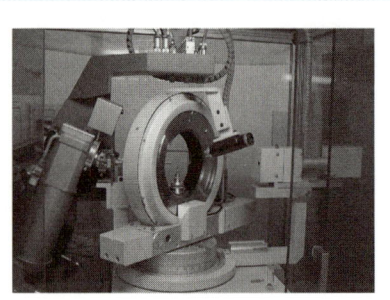

図 5-14 四軸型自動回折計

要していたものが，数日で終えられるようになった。

それがさらに 2 次元カウンターの登場で，前世紀末には数時間で終えられるようになり，また，今日数秒で測定できる装置も登場している。

(2) 2次元検出器利用機器

イメージングプレート（IP）*，CCD カメラが用いられる。

図 5-15 IP を 2 次元カウンターとした回折計

＊IP：富士フイルム

> **コラム** 回折装置の進歩と解析対象
>
> 私の生まれたころから大学院に入る前までの期間は，写真によるデータ収集が行われていた。
>
> 写真による方法では，振動写真と呼ばれる結晶に小さな回転振動をさせて回折斑点を写し取り，結晶の対称性と単位格子の大きさをまず調べる（10 章参照）。このとき「軸たて」という作業があり，これを経て各層ごとに回折強度を写し取っていくことになる。この実験自体は数週間で終わるが，写真に写し取られた回折強度を目で読み取る作業が待っていた。これに数か月を要した。
>
> 1970 年代には「自動回折計」が誕生し，測定は大幅に省力化された。写真法と違い，回折斑点を一点ずつ計算機制御で測定していくのだが，通常の結晶なら数日あればデータを得ることができるようになった。
>
> 1990 年代，2 次元回折計が使えるようになった。写真法の時代のように人間にわかりやすく斑点を整列させてとる必要もなく，コンピュータに判定させていく方法で，「あなたは結晶をつけるだけ」という時代が到来した。これによって測定時間は数時間になってしまった。
>
> 現在，新たな回折計が開発されていて，X 線源の制約はあるものの，どうやら数秒で測定が終わる時代がやってきたようだ。
>
> 測定時間は，数週間から数日，数時間と短縮され，さらに数分を飛び越えて数秒にまで短縮された。
>
> ところで，幕末の志士，坂本龍馬らの写真を見ることがある。彼らは写真機の前で長時間同じ姿勢をとらされていた。またピンホールカメラなどで，数時間の露出で撮影された写真を見られた方もおられるだろう。こうした写真は，たとえにぎやかな銀座であっても，人っ子一人いない世界が写る。しばらくの間立ち尽くしていた人が，かろうじて残る。
>
> 結晶構造を決めるための X 線回折データは，これらと同様に長時間にわたるものの集積である。したがって，この間に動き回っていたものは見えなくなっている。長時間にわたって，平均的に同じ形態がとられたものだけが写っている。まだ瞬間を見るまでに至っていない。やっと数秒の静止画像がとられるようになってきた。

【質問コーナー】

問 図5-9のモリブデン,ロジウム(図5-16)でいずれも2本の特性X線の現れるのはどうしてでしょうか。

解 図5-9ではモリブデンの$K\alpha$線と$K\beta$線が特性X線として現れています。これは図5-10で示したK殻へのL殻からの遷移とM殻からの遷移に対応したものです。L殻とM殻のエネルギー差がX線のエネルギー差になって出てきます。

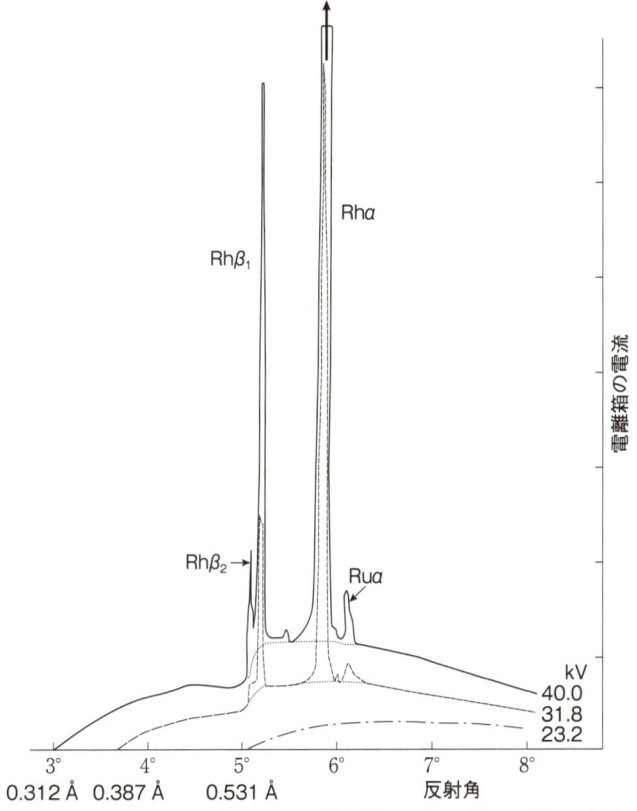

図5-16 ロジウム対陰極からのX線輻射の分析,種々の電圧に対する曲線 (Seigbahn: *The Spectroscopy of X-rays*, O. U. P., 1925)

さらに図5-17でそれぞれの線が二重になっています。$K\alpha_1$と$K\alpha_2$および$K\beta_1$と$K\beta_2$が見られます。これらも発生原因は図5-10に示してあります。これらは遷移の起こる状態の電子配置による差から生じます。それぞれの強度は$K\alpha_1$が$K\alpha_2$の2倍でさらに$K\beta_1$の6倍,$K\beta_2$は無視できるほど小さいとされています。

問 ① 高エネルギーの電子は,最外殻ではなく,一番エネルギーが低いs軌道にまず進入するのでしょうか？電子同士の衝突はどこで生じるのか？
② どこの軌道に空きが生じるのですか？

解 大変な問題です。衝突確率の問題ですね。考えたことはありませんでしたが,広がりを持つ軌道上の電子より,核に近くて(正電荷を持っているので)外からの電子も引き寄せられる位置の1s電子がもっとも衝突する確率が高いように思えます。論理的ではありませんが,こんなところなのではないでしょうか。

6 人類初のX線結晶構造解析―NaClとKClの結晶構造の決定とミラー指数

6-1 LaueとEwaldの出会い

(1) エワルド（P. P. Ewald, 1888～1985）ゾンマーフェルト門下で結晶の光分散に関する学位論文を作成し，ラウエに意見を求める*。

(2) ラウエは結晶の空間格子の考え方を知り，X線による回折について考察。

(3) 助手のフリードリッヒ（W. Friedrich, 1883～1968）に実験を求めるが難色を示す。

(4) レントゲンの下で学位をとったクニッピング（P. Knipping, 1883～1935）が協力を申し出る。

Max von Laue（1879～1960）
* Laue は Sommerfeld のもとで講師となっていた

P. P. Ewald　W. L. Bragg

6-1-1 人類初の回折実験

どれほどの大きさの結晶が使えるのかがわかっていなかったので，大きく成長させることのできる硫酸銅五水和物を選んだが，とにかく最初に選んだ結晶は大きすぎた。図6-2の左の楕円体型に見えるものが結晶の回折像。中央部の大きな黒い雲は直進したX線（ダイレクト・ビーム）による。右の図ではX線のビームも細くして結晶も適当な大きさのものを選び，なおかつ結晶の対称性を示すこともできることがわかってきている。

6-2 Bragg親子の登場

(1) 子のローレンスがラウエの実験の報告会で内容を聞く。

(2) ブラッグの条件の考案。

(3) 父と結晶構造解析に乗り出す。父親は実験物理学者で，X線の回折計を作った（図6-13）。

図6-1 最初に回折実験の行われた装置のレプリカ
Friedrich と Knipping の実験(Munich のドイツ博物館所蔵)

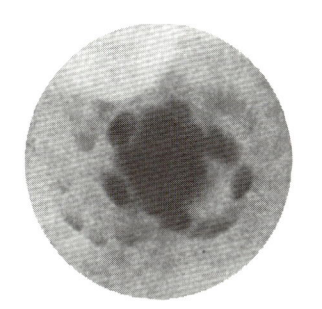

W. H. Bragg
(1862〜1942)

硫酸銅五水和物
(CuSO$_4$・5H$_2$O)

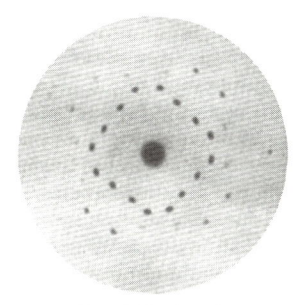

閃亜鉛鉱(ZnS)

図6-2 結晶を使って得たX線回折像
"The Development of X-Ray Analysis", Dover*.

W. L. Bragg
(1890〜1971)

*この本の中では上の写真にさらに以下の3つの写真が並べられている。
① 結晶を粉にして紙袋に入れて撮るとスポットのパターンがなくなる。
② 写真乾板を結晶の近くに置くと像は縮まる。
③ 逆に離しておくと,像が拡がるということを示している。

6-2-1 NaClとKClの回折像(粉末回折像)についての予備知識

図6-3 (a) のPの位置に粉末試料をガラスのキャピラリーに詰めたものを置き,X線を当てる。試料の周りにはリング状のフィルムを置いて,回折像を撮る。このフィルムを広げたのが (b) である。

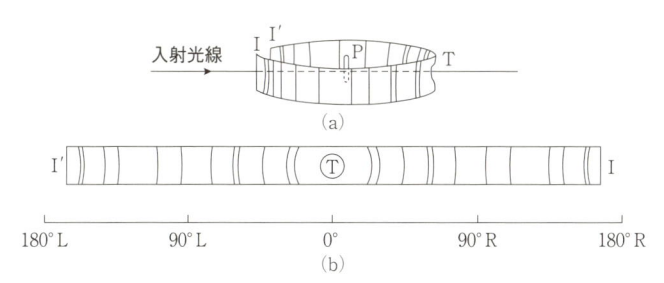

図6-3 円筒状フィルムの粉末回折像

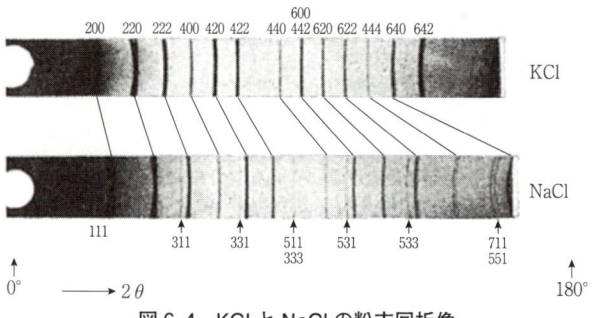

図 6-4　KCl と NaCl の粉末回折像

NaCl と KCl について，粉末回折写真を半円部について撮ったものを並べると，図 6-4 のようになる．この回折線にはミラー指数と呼ばれる回折線の指数が示されている．ここでは次の 4 つに注目してほしい．

① 図 6-4 の KCl では偶数指数しかないこと．
② NaCl では KCl の偶数指数に対応したもののほかに，奇数指数のものが薄く現れていること．
③ (600) と (442) および (511) と (333)，(711) と (551) のように重なったところがあること．
④ 指数の数字が 3 文字ともに，すべて偶数かすべて奇数であること．

6-3　有理指数の法則とミラー指数

(1) 有理指数の法則 (law of rational indices)

ある結晶にとって適切な軸の組と，結晶の種々の面を延長した平面との交点は，それら 3 つの軸に沿ったそれぞれの単位長の小さな整数倍で表わせる

(2) ワイス指数 (Weiss indices)

結晶面を単位胞の大きさの倍数である切片によってその相対値で記述

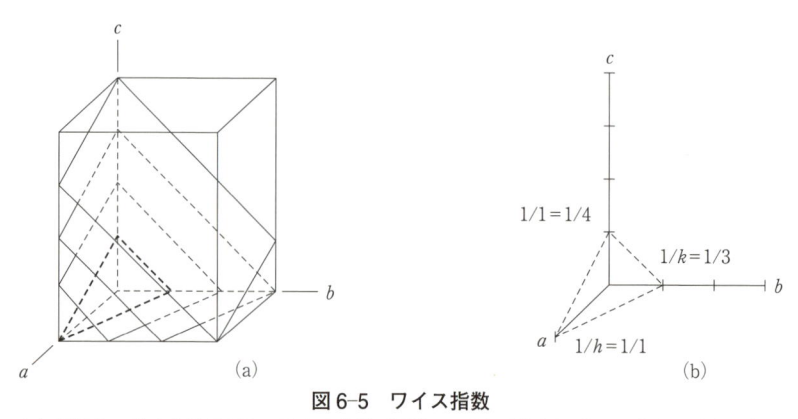

図 6-5　ワイス指数
(a) 単位胞の軸を整数分割して見える並行平面群　　(b) (a) 図のもののうち，最も原点に近い面の各軸の切片

する方法（図6-5）

(3) ミラー指数（Miller indices）

ワイス指数の係数の逆数を用いる方法

c軸に平行な面のミラー指数は上のワイス指数の逆数の組を考えればよい。

図6-6を使って説明しよう。

(a) では隣りの面が，a軸方向に1格子分だけ離れている。他の軸とは平行で，b, c軸との交点が∞の先にあるとして

$\left(\dfrac{1}{1}\ \dfrac{1}{\infty}\ \dfrac{1}{\infty}\right) = (100)$ と表せる。

(b) ではa軸方向の1格子先，b軸方向に1/3格子先なので

$\left(\dfrac{1}{1}\ \dfrac{3}{1}\ \dfrac{1}{\infty}\right) = (130)$ となる。

(c) (d) も同様に考えて，(210) と (430) となる。

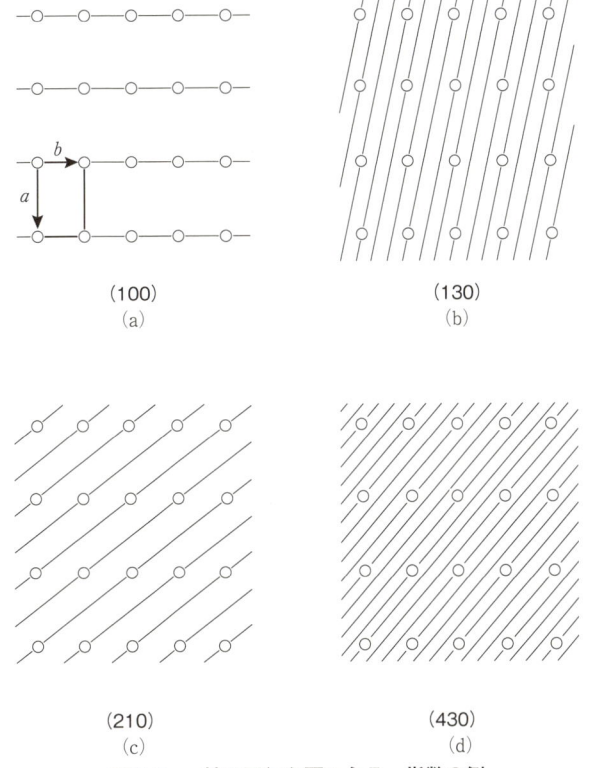

図6-6　c軸に平行な面のミラー指数の例

問題 3次元の立方格子については，図6-7を見てそれぞれの指数を求めてみよう。

図6-7 立方格子における格子面のミラー指数による表示

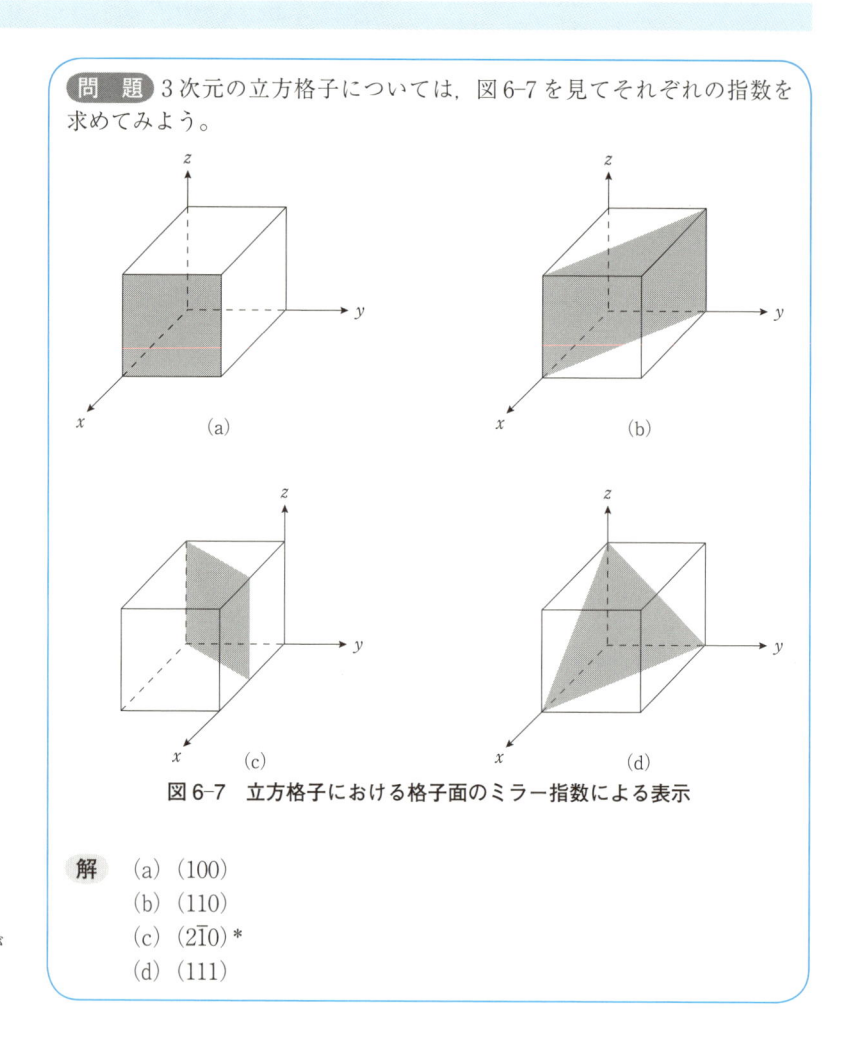

解
(a) (100)
(b) (110)
(c) ($2\bar{1}0$)＊
(d) (111)

＊負号は指数の上つきで記す習慣がある。

6-3-1　直交軸系の格子での面間隔の計算法

各ミラー指数を持つ面の間隔は，格子が一般的な平行六面体だと求めるのは簡単ではない。当面の作業のためにすべての軸が直交する斜方（直方）晶系での面（図6-8）の面間隔を求めておこう。

面間隔をdとすると，ピタゴラスの定理（三平方の定理）を用いて図6-9のようにして求めることができる。

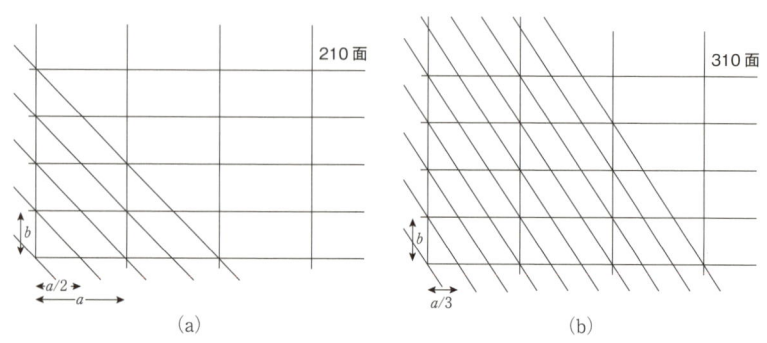

図6-8　結晶格子と (210) および (310) 平面との関係

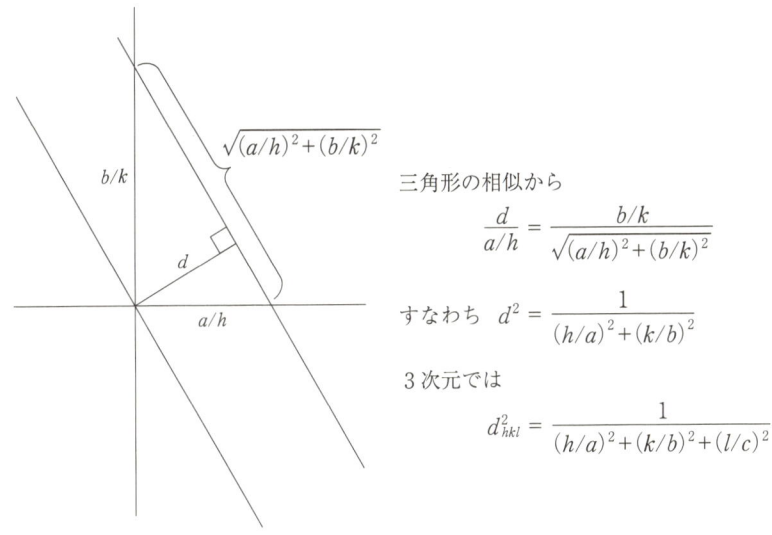

図 6-9　直交軸をもつ系における (h k l) 結晶面の面間隔と指数との関係

> **問題** (1) $a=b=c$ の立方晶系では面間隔はどう記述できるか？
> (2) NaCl と KCl で指数の重なった理由？
> 指数で重なっていたことを：(333) と (511)；(442) と (600)；(551) と (711) ことを説明せよ。
>
> **解**
> (1) $d_{hkl}^2 = \dfrac{1}{\left(\dfrac{h}{a}\right)^2 + \left(\dfrac{k}{a}\right)^2 + \left(\dfrac{l}{a}\right)^2}$
> $= \dfrac{a^2}{h^2+k^2+l^2}$
>
> あるいは
> $d_{hkl} = \dfrac{a}{\sqrt{h^2+k^2+l^2}}$
>
> (2) (333) と (511) では
> $h^2+k^2+l^2 = 3^2+3^2+3^2 = 27$
> $h^2+k^2+l^2 = 5^2+1^2+1^2 = 27$
> と等しい。したがって面間隔は等しくなる。他も同様。

6-4　単結晶を利用した回折パターンの測定

イオン結晶は劈開によって特定の面を出現する（図 6-10）。

6-4-1　ブラッグの式と測定装置

H. Bragg の作成した回折計によって，KCl と NaCl の 3 つの面内での回折パターンを判定すると，図 6-11 の結果を得る。この回折図に出てくる低角側のいくらか小さいピークとすぐ右に出てくる大きなピークは，モーズレイによって示された $K\beta$ と $K\alpha$ の二重線になっている。

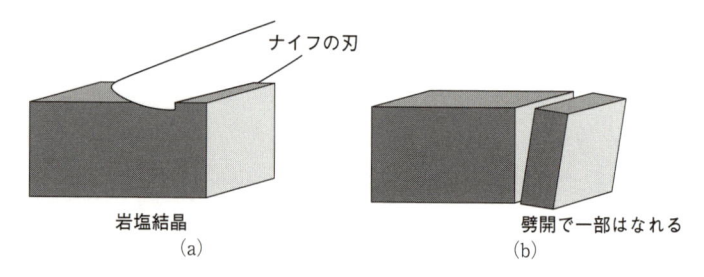

図6-10 (a) 岩塩結晶にナイフの刃をあてる。(b) ナイフの刃の背をとんとんとたたくと劈開片がとれる

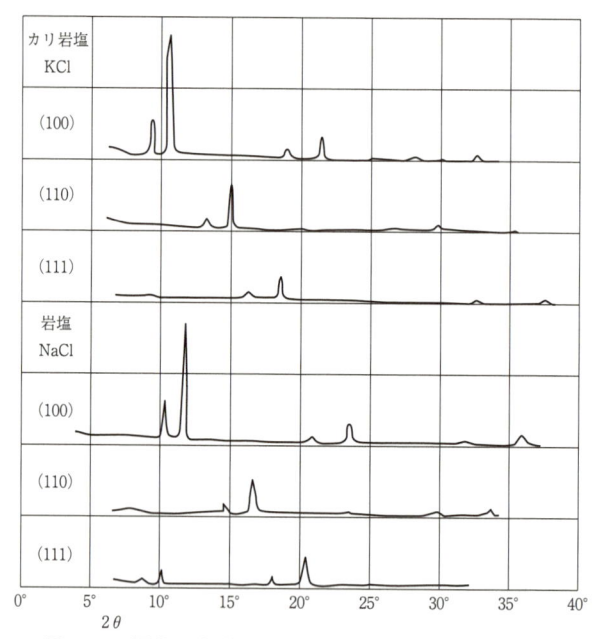

図6-11 電離分光計を使った KCl と NaCl の反射の測定

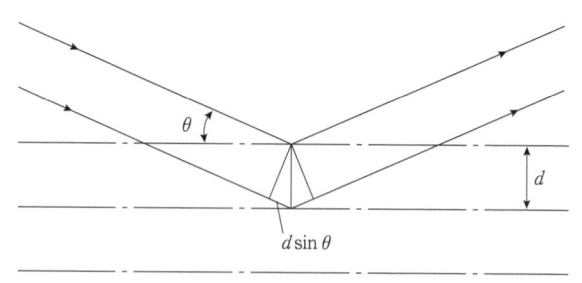

図6-12 結晶の層列における反射

　回折像が格子の配列による面からの反射によると考えると，干渉の効果を考慮して，図6-12に示した関係から，ブラッグの式：$\lambda = 2d \sin \theta$を得る。

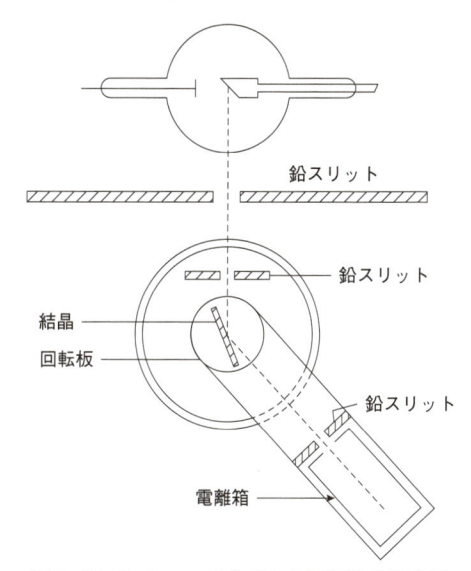

図 6-13 H. Bragg の作成した回折計の模式図

6-4-2 回折斑点の解釈

NaCl で観察された回折角は表 6-1 にまとめたようになっている。なお，各回折線には $K\alpha$ と $K\beta$ によるものがあることはわかっているので，ここでは $K\alpha$ 線による高角度側のものだけをまとめてある。

これらの値をブラッグの式にあてはめ，(100) 面からのものは 3 つの値の平均を，他の 2 つの面からのものは 2 つの値の平均を使うと，使用した X 線の波長（λ）と面間隔（d）との関係が次のように求まる。

$$d(100) = 4.81\lambda, \ d(110) = 3.40\lambda, \ d(111) = 5.38\lambda$$

波長もわからなければ，結晶データもない。次の問題はこのどちらかのデータを得ることに変わった。

表 6-1 結晶面と回折角度

結晶面	回折角度（2θ 値）
(100)	12°　23.5°　37°
(110)	17°　34°
(111)	11°　21°

6-4-3 鉱物学者の考えていた結晶構造

この時代にイギリスでは，鉱物学者ミラー（W. H. Miller）によって対称の検討に基づいた結晶系と面指数の記号法とを確立し（1839 年），フランスで A. ブラベが対称による空間格子の分類を完成していた（1850 年）。先に述べた空間群についての考察が，19 世紀末にいたって，ロシアのフェドロフ（E. S. Fedorov），ドイツのシェーンフリース（A. M. Schönflies），イギリスのバーロー（W. Barlow）の 3 人によって互いに独立に建設された。そのバーローは原子がどのように組み合わさって結晶と構成するのかを提案していた（図 6-14）。

ここで，立方体型にイオンが積み重なると，面間隔として考えられる位置は次のようになる（図 6-15）。

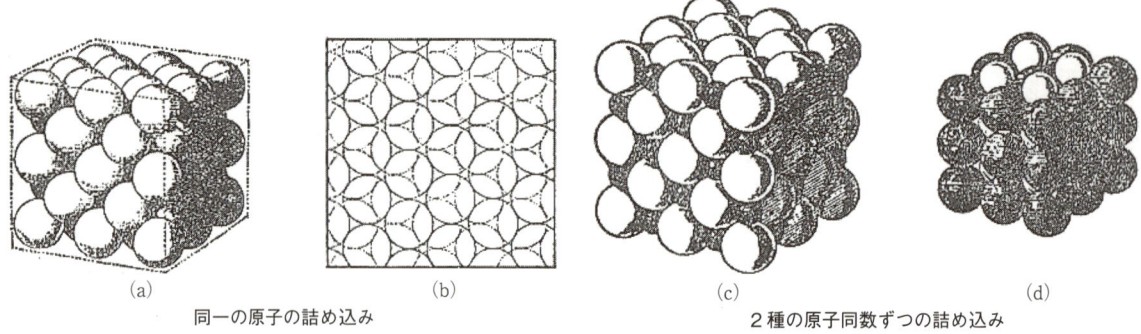

(a) 同一の原子の詰め込み　(b)　(c) 2種の原子同数ずつの詰め込み　(d)

図 6-14　バーローが考えたいくつかの可能な原子配列
(a) と (b) 同一の原子の詰め込み，(c) と (d) 2種類の原子の詰め込み

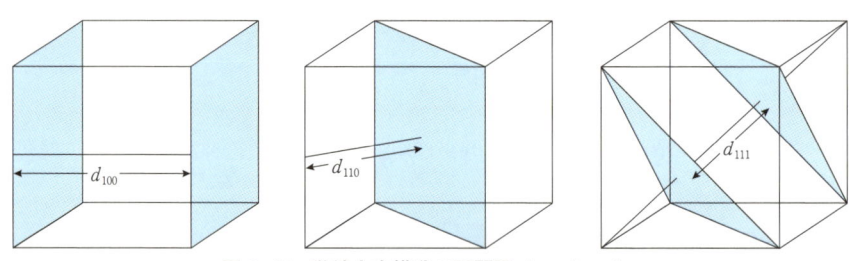

図 6-15　単純立方構造の面間隔 d_{100}, d_{110}, d_{111}

この図に従うと

$$d(100):d(110):d(111)=1:\frac{1}{\sqrt{2}}:\frac{1}{\sqrt{3}}$$

となる。前項で求めた値を使うと

$$d(100):d(110):d(111)=1:\frac{1}{1.415}:\frac{1}{0.894}$$

となるが，ちょっと変更して

$$d(100):d(110):d(111)=1:\frac{1}{1.415}:\frac{2}{1.788}$$

とすることができる。

ということは，観測された面の指数が (100), (110), (111) の組ではなく，(200), (220), (111) の組だとすれば解釈が可能になる。

6-4-4　ブラッグの解釈

面の配置が図 6-16 のようになっているとすると，それぞれの面を構成する原子の配列は，(100) 面と (110) 面では交互に Na 原子と Cl 原子が並んだものになって，それが半分の間隔 ((200) と (220)) で並ぶことになる。その一方で (111) 面では，Na 原子だけの面と Cl 原子だけの面が交互に並び，同じ原子による面の間隔は (111) 面による間隔で並ぶことになる。これで間隔についての疑問は一応解決した。

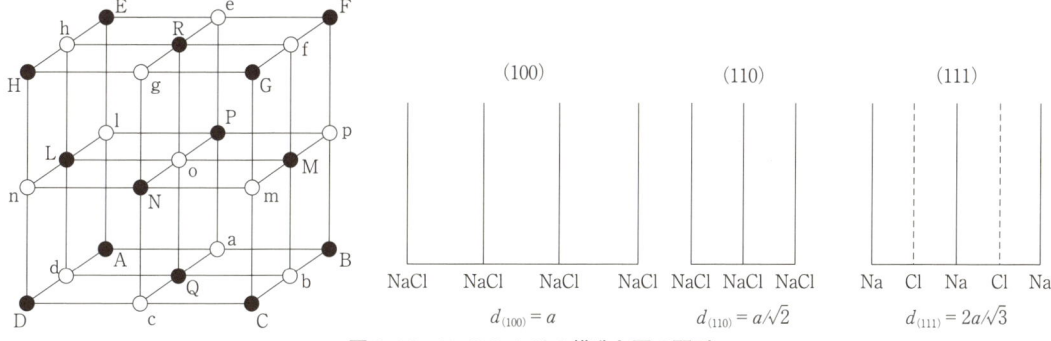

図 6-16 NaCl における構造と面の配列

6-4-5 KCl 構造の解釈

以上の NaCl 結晶についての解釈から KCl 結晶については

(1) (200) の系列が NaCl と同様にある

(2) (220) の系列もある

(3) (111) がほとんど観察されずに (222) から観察される

ことになるが，X 線を回折するのが電子だと考えれば，K^+ と Cl^- はどちらも [Ar] の電子配置を持ち，回折能がほとんど同じと解釈できる*。

*この内容は，X 線が電子と相互作用するのであり，かつ結晶にはイオンが存在することを示している。

6-5 結晶の密度と X 線の波長

次の問題は X 線の波長を決めることだ。ところでブラッグは結晶の格子定数と X 線の波長の関係をつけるところまで到達した。さらに結晶格子は立方体型をしているところまでは間違いなさそうだ。だから格子定数を決めることができればここで使った X 線の波長も決められることになった。

バーローの議論にしたがうと，単位格子に NaCl の単位が 4 組入っている。体積あたりの質量は密度で。これは測定する方法がある。原子量もわかっているので，残る問題はアボガドロ定数となる。

格子の体積 (V) と密度 (ρ) の関係は

$$\rho = \frac{\left(\dfrac{Z \times FW}{N_A}\right)}{V}$$

ここで，Z：単位格子内の分子数，N_A：アボガドロ定数，FW：式量である。そこで，密度の測定値 $2.16\ \text{g/cm}^3$，$Z=4$，$FW(\text{NaCl})=58.5$，およびアボガドロ定数を代入すると単位格子の体積が求まる。そして $V=a^3$ から a の値を求めることができる。そうして得た値は

$a = 5.64\ \text{Å}$

である。

次はブラッグの式，$\lambda = 2d\sin\theta$ を用いて使用したX線（Pd $K\alpha$ 線）の波長を求めればよい。例えば

$$\lambda = 2\frac{d(100)}{2}\sin(12°) = 0.586 \text{ Å}$$

と求まる。

> **問題** KCl の回折角が $\lambda(\text{Pd } K\alpha) = 0.586$ Å を使って，(200): 11°; (400): 21.5°; (600): 32.5° である。格子定数 a の値を求め，KCl の密度を計算せよ。ただし原子量は K = 39.1, Cl = 35.5 とする。
>
> **解** 格子定数 a は：$d = \dfrac{\lambda}{2\sin\theta}$ より
>
> $$d_{200} = \frac{0.586}{2\sin\frac{11°}{2}} = \frac{0.586}{2\times 0.0958} \text{ Å} = 3.057 \text{ Å} \quad \text{より } a_1 = 6.11 \text{ Å}$$
>
> $$d_{400} = \frac{0.586}{2\sin\frac{21.5°}{2}} = \frac{0.586}{2\times 0.1865} \text{ Å} = 1.571 \text{ Å} \quad \text{より } a_2 = 6.28 \text{ Å}$$
>
> $$d_{600} = \frac{0.586}{2\sin\frac{32.5°}{2}} = \frac{0.586}{2\times 0.2798} \text{ Å} = 1.047 \text{ Å} \quad \text{より } a_3 = 6.28 \text{ Å}$$
>
> これらの単純な平均をとるのでなく，誤差の大きいものは省くと $a = 6.28$ Å なので，これを利用して
>
> $$\rho = \frac{\left(\dfrac{Z \times FW}{N_A}\right)}{V} \text{ において，} Z = 4 \text{ などを代入して}$$
>
> $$\rho = \frac{4\times(39.1+35.5)\text{g}\cdot\text{mol}^{-1}}{(6.02\times 10^{23}\text{mol}^{-1})(6.28\times 10^{-8}\text{cm})^3} = 2.00 \text{ g/cm}^3$$

6-6 まとめ

NaCl と KCl の構造解析で行ったことをまとめておこう。

(1) 回折パターンの利用
・回折パターンの出現には規則性がある
・格子内原子の座標値は特定の位置にあるとして決めていない
(2) X線の波長の決定
・結晶格子の大きさは，まず密度で推定した

今後の課題として挙げられるものは，格子の型と消滅則の関係，回折強度がどのように使えるのか，そしてアボガドロ定数の決定法である。

さらに KCl の X 線回折像が示したことは

・K^+ と Cl^- はどちらも [Ar] の電子配置を持ち，回折能がほとんど同じと解釈できるので*

---

*それぞれの原子がイオン化しているということが示されている。

- どうやら X 線は電子によって回折されている
- 電子配置が X 線回折能を決める

【質問コーナー】

単結晶 X 線構造解析を体験した方からいくつかの質問が発せられます。以下で検討することにしましょう。

問 単位胞の面間隔で用いる "d" と，回折格子定数である "d" はおなじことを意味しているのでしょうか？

解 "d" であれば同じです。どちらも面の指数をつけないといけないでしょう。d_{hkl} です。格子定数ならば a, b, c ですので違います。

問 X 線が，反射する "面" とは，格子頂点の原子なのですか？ また格子頂点が形成する "面" で反射するのですか？（面と面の間をすりぬけた X 線が回折するのは理解できますが，格子頂点間はすきまがないのではないでしょうか？）

解 ここまで見てきた NaCl や KCl ではうまい具合に格子点に原子が乗っているように見えました（一方の原子は格子点と一致していましたが，他方は中間点にありました）。ブラッグの解釈では，（200）や（220）面では格子点上の原子とそれ以外の原子が組み合わさって，それぞれ NaCl ないし KCl という組成を持つような面となった訳です。ところが（111）面では，NaCl の場合 Na だけの面と Cl だけの面が交互に現れていました。ここでは両者の周期が 1/2 だけずれている訳です。そして面白いことに KCl の場合，両者のずれがちょうど打ち消し合うように働いているように見えた訳です。

さて，一般的な結晶の場合，結晶は周期構造を持っているので，どの単一の原子も同じ周期性を持って並んではいるはずです。それらはミラー指数をつけられる面を成して，それぞれの原子の組が並んでいるはずです。しかし違った原子同士では NaCl などの場合のように周期がずれています。次の問題はこの周期（位相）が適当にずれた面の組み合わせをどのように考えるべきか，ということになります。

この章で取り上げた結晶の構造は，ミラー指数だけで解決しました。それぞれの反射（回折）強度がどうなっているのかは考えていませんでした（実は KCl で（111）が消えているということは見ているのですが…）。という訳で，この章の締めくくりが「電子が回折とかかわってい」て，それとの X 線の関わり方が次の問題であるということになったのです。"面" で反射するということの意味は，電子と X 線の相互作用として扱う必要がわかってきました。

7 波の表現—波動運動の複素数による表現とオイラーの公式

7-1 波

　波には海や湖の水面で見られる振動としての横波と，空気中を伝わる音のような縦波がある。実際，地震波として初めに到達するＰ波は縦波で，速度の遅いＳ波である横波が後から到達する。このＳ波が地球の中心部を伝搬できないことから，地球の核部分が液相であることが示されている。液体の水に生じる海面や湖面の波が横波であるというのは，水面の単なる上下運動によって生じたものではないことを示している。

　ここで問題にする電磁波は，直交する電場と磁場の横波として伝搬するとして取り扱える。通常は電場の振動だけで扱っている。その波は下図に示すように，山から山への距離である波長，平均面からの山の高さの振幅，原点位置からの山の位置のずれを示す位相で特徴づけられる。

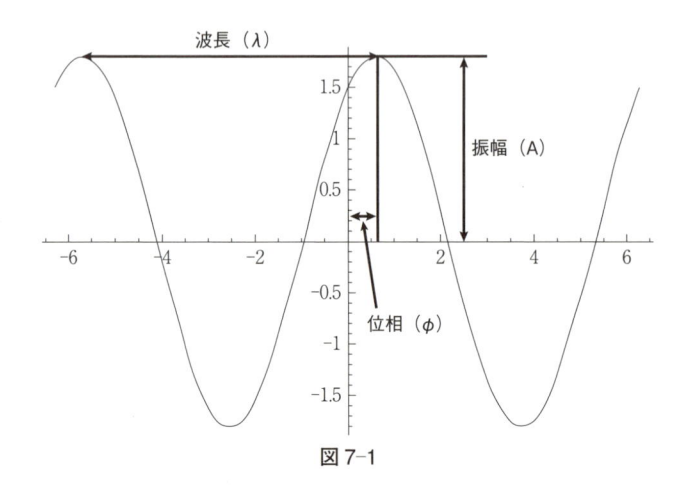

図 7-1

$$波 = A\cos[(2\pi x/\lambda) + \phi]$$
A：振幅　　x：波の位置
λ：波長　　ϕ：位相

こうした波は三角関数で表記できて，左の枠内のように書ける。

7-2 複素数と複素平面

　ここで複素数について復習しておこう。複素数は実数と虚数の組み合

わせで，実数成分の大きさを x，虚数成分の大きさを y とした複素数 z は

$$z = x + iy \quad (i = \sqrt{-1})$$

と表せる．この x と y を使って，複素平面（水平軸を実数軸にとり，上下軸を虚数軸とする）上の点として表せる．これは座標軸の原点を始点とし，座標 (x, y) を終点としたベクトル的な扱いをすることもできる．

この座標系で，i を実数から虚数への変換操作と考えることができる．すなわち，iy はグラフ上で実数 y の位置に終点を持つベクトルを原点を中心として $\pi/2$ だけ回転した結果とすることができる．したがって

$$i(iy) = -y \qquad \because i^2 = -1$$

複素数 z の大きさは $|z|$ で，この「ベクトル」が実軸とのなす角を ϕ とすると

$$z = x + iy = |z|(\cos\phi + i\sin\phi) = |z|e^{i\phi}$$

となって，最後の部分はオイラーの公式と呼ばれるもので，複素数を三角関数と結びつけることができる（図7-2）．

オイラーの公式：$e^{i\phi} = \cos\phi + i\sin\phi$

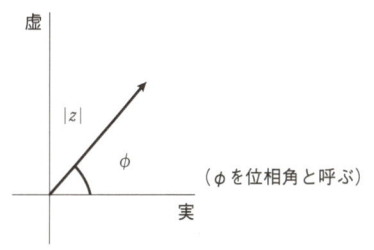

図7-2 複素平面での複素数の表示（ϕ を位相角と呼ぶ）

7-2-1 複素数表示の便利なところ

2つの複素数，$z_1 = x_1 + iy_1$ と $z_2 = x_2 + iy_2$ の和は

$$z_1 + z_2 = (x_1 + iy_1) + (x_2 + iy_2) = (x_1 + x_2) + i(y_1 + y_2)$$

となって，成分ごとの和で表せる．これは図7-3のようになり，ベクトル和と同様である．

2つの複素数の積はオイラーの公式による表現が便利で

$$z_1 \cdot z_2 = |z_1|e^{i\phi_1}|z_2|e^{i\phi_2} = |z_1||z_2|e^{i(\phi_1 + \phi_2)}$$

となる．

これから次のような問題を解くことができるようになる．

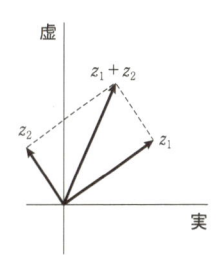

図7-3 複素数の和の図表表示

> **問題** 次の方程式を解け．
> $z^n = 1$，$z^n = -1$，$z^n = i$ および $z^n = -i$

解答例 $n = 3$ ぐらいが具体的な値を得るのに適当である．これで z^n と $z^n = i$ を例にとってみよう．n をそのままで解くのも同じことだ．

$z^n = -1$ の場合は $z = |z|e^{i\phi}$ と組み合わせて，$n = 3$ と置くと

$$z^3 = |z|^3 e^{i3\phi} = -1 = e^{i\pi}$$

である．三角関数が周期性のために一般解は

$$z^3 = |z|^3 e^{i3\phi} = e^{i(2n+1)\pi}$$

$$\therefore z = e^{\frac{2n+1}{3}i\pi} = \cos\frac{2n+1}{3}\pi + i\sin\frac{2n+1}{3}\pi$$

ここで $0 \leq n \leq 2$ あるいは $-1 \leq n \leq 1$ 以外は $2n\pi$ 異なるだけで同じで三角

関数の値も入れると

$n=0$ のとき　　$z = e^{\frac{1}{3}i\pi} = \cos\frac{1}{3}\pi + i\sin\frac{1}{3}\pi = \frac{1}{2} + \frac{\sqrt{3}}{2}i$

$n=1$ のとき　　$z = e^{\frac{3}{3}i\pi} = \cos\pi + i\sin\pi = -1 + (0)i = -1$

$n=2$ のとき　　$z = e^{\frac{5}{3}i\pi} = \cos\frac{5}{3}\pi + i\sin\frac{5}{3}\pi = \frac{1}{2} - \frac{\sqrt{3}}{2}i$

となり，これらの値を複素平面上にプロットすると正三角形を描いてくれる。

$z^3 = i = e^{i(2n+\frac{1}{2})\pi}$ の場合も同様にして求めることができ，結果は上の場合と同様に $z=-i$ を頂点の1つとする正三角形の各点が解となることがわかるだろう。$z^3 = 1$ の場合，当然 $z=1$ を頂点の1つとする正三角形である。n 次の場合は正 n 角形ができるわけだ。

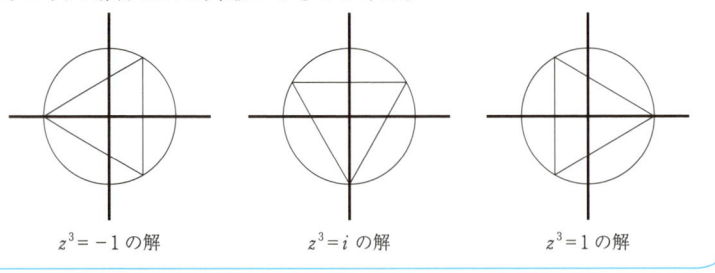

$z^3 = -1$ の解　　$z^3 = i$ の解　　$z^3 = 1$ の解

7-2-2　共役複素数

複素数のうちで，実数成分は変わらず，虚数成分の大きさは等しいが符号が異なるものの組を共役複素数という（図7-4）。

$$z = x + iy = |z|e^{i\phi} \text{ と } z^* = x - iy = |z|e^{-i\phi}$$

の関係になる。これらの間の和と差，および積には次のような関係がある。

$$z + z^* = (x+iy) + (x-iy) = 2x$$
$$z - z^* = (x+iy) - (x-iy) = 2iy$$
$$z \cdot z^* = (x+iy)(x-iy) = x^2 + y^2$$

あるいは $z \cdot z^* = |z|e^{i\phi}|z|e^{-i\phi} = |z|^2$

すなわち，和は実数項を求めることに使え，差は虚数項を与える。また，積はその複素数の大きさを与える。今後は $e^{i\phi}$ を $\exp(i\phi)$ のように書いて，べき乗項を大きく見やすい形にする。

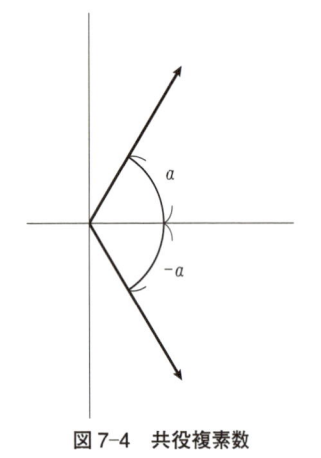

図 7-4　共役複素数

7-3　フーリエ級数

7-3-1　フーリエ変換

例えば，楽器の音色の違いは図7-5のような音波の振動の様子の違いによる。

波の形は大きく違っているが，周期が同じなので同音である。波の形の違いは，この波に含まれる高周波の振動の加わり方によっている。そ

フルート

オーボエ

バイオリン

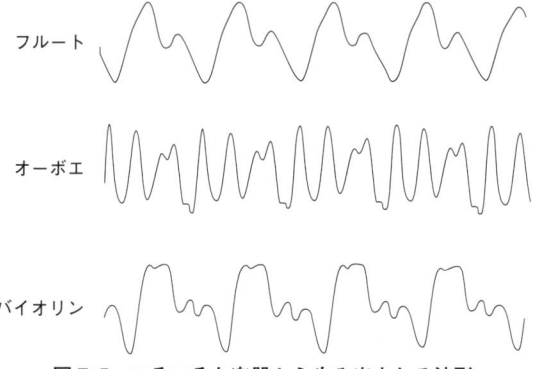

図7-5 いろいろな楽器から生み出される波形
David Blow, "Outline of Crystallography for Biologists", Oxford University Press (2002). (Reproduced from Johnston (1989))
Johnston, I., (1989) "Measured tones The interplay of physies and music" Hilger, Briard.

の波の成分を分解して，それぞれの成分に分けると次のようになっている。

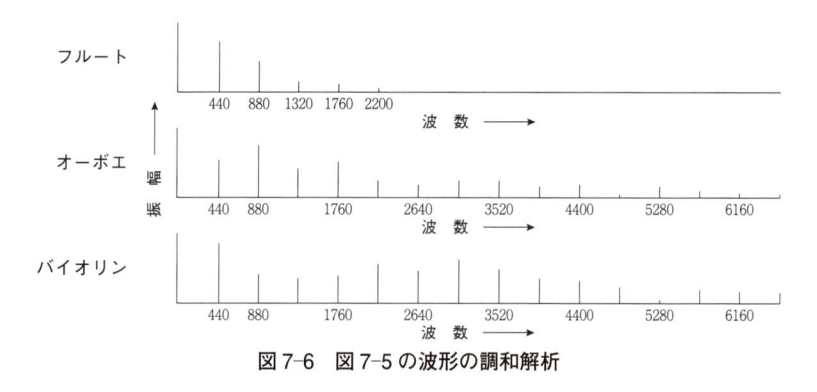

フルート

オーボエ

バイオリン

図7-6 図7-5の波形の調和解析

　基本は440 Hzのいわゆる「ラ」の音だが，この2倍，3倍…といった倍音の入り方が異なっている。フルートの澄んだ音色は一端が解放された管に息を吹き込んで音を作るので，880 Hzの倍音がいくらか混じるだけで，他がほとんどないといったピュアな組み合わせから感じられる。オーボエはオーケストラのチューニングに使われているので，その独特な音色も思い出せるのではないかと思うが，リードを使って音を出す仕組みから，複雑な音色になる。バイオリンは弦楽器の代表で，弦を弓でこすって音を出す。このとき弦の中央でなく，コマに近いところをこすって倍音を出しやすくしているように思える。

　このように波動の振動成分を分け，それぞれの強度を求めて示すことを「フーリエ解析」という。色々な波動はさまざまな純振動の組み合わせで生じている。われわれの求めたい波動は，結晶内での周期配列である。X線の場合には結晶内での電子密度分布の「波動」であり，他の手段を用いる場合，中性子線なら主として質量の周期分布をみることに

光について化学の研究室では，分光器を用いて波長ごとの分布を日常的に測定しているだろう。太陽光は図7-7のようなスペクトルを見せ，蛍光灯では図7-8のようなものを与える。

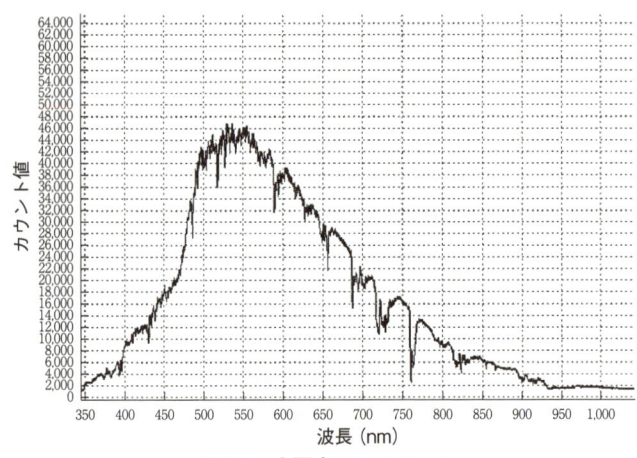

図7-7　太陽光のスペクトル

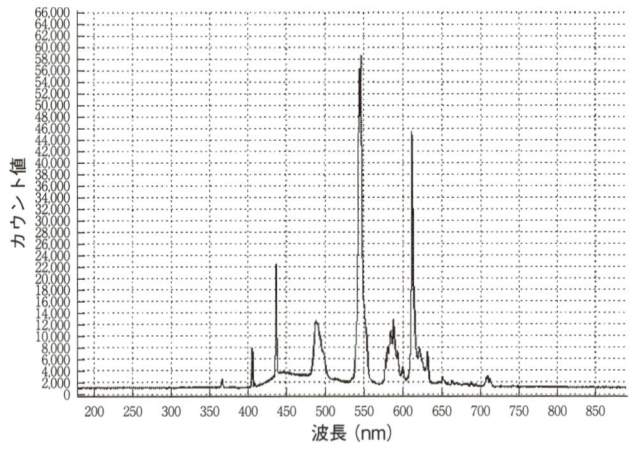

図7-8　教室の蛍光灯のスペクトル

　こうして解析して出てきた成分を重ね合わせると，もとの波を再現できるはずである。しかしそれにはもう1つ情報が必要だ。それは各成分の位相についての情報だ。各波の出発位置が元の波のものと一致しない限り，正しい再現はできない訳だ。

7-4　フーリエ級数展開

　まず，フーリエ変換がどのようにしてなされるのかを見ていこう。フーリエ（J. B. J. Fourier: 1768〜1830年）は「有限区間上の関数は全て三角関数の級数で表現できる」と断言したそうだ。そして任意の周期関数は三角関数で展開できる。例えば，

7 波の表現—波動運動の複素数による表現とオイラーの公式

$$f(x) = \frac{1}{2}C_0 + C_1\cos\left(\frac{2\pi x}{T} + \alpha_1\right) + C_2\cos\left(\frac{2\pi x}{T/2} + \alpha_2\right) + \cdots + C_n\cos\left(\frac{2\pi x}{T/n} + \alpha_n\right) + \cdots$$

ただし，$C_n\cos(nk_0x + \alpha_n) = A_n\cos nk_0x + B_n\sin nk_0x$ のように変形した次の表現のほうが多い．

$$f(x) = \frac{1}{2}A_0 + \sum_{n=1}^{\infty} A_n\cos nk_0x + \sum_{n=1}^{\infty} B_n\sin nk_0x \tag{7-1}$$

ここで，$k_0 = 2\pi/T$ であり，T は周期である．

[三角関数の和の例]

例えば $3\cos(2x)$ と $2\sin(2x)$ の和である $3\cos(2x) + 2\sin(2x)$ は

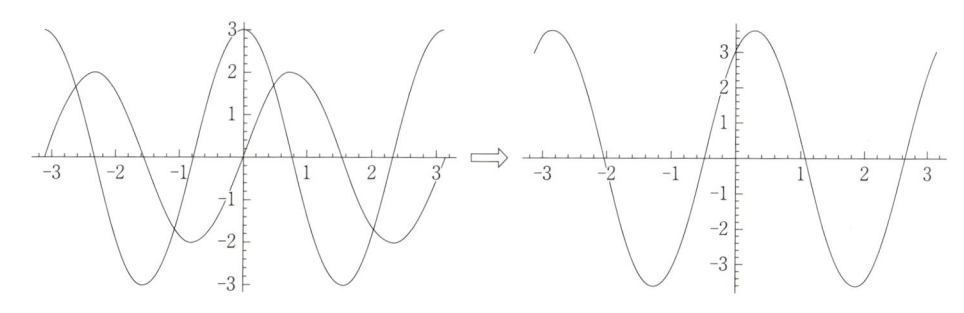

となる．

(7-1)式に $a_n + a_{-n} = A_n$ と $i(a_n - a_{-n}) = B_n$ となるような a_n と a_{-n} の組を導入する．

$$a_n = \frac{1}{2}(A_n - iB_n) = \frac{1}{2}C_n\exp(i\alpha_n)$$

$$a_{-n} = \frac{1}{2}(A_n + iB_n) = \frac{1}{2}C_n\exp(-i\alpha_n)$$

として n の範囲を $-\infty$ から ∞ までとすれば，(7-1)式は次のように書き換えられる．

$$f(x) = \sum_{n=-\infty}^{\infty} a_n\exp(ink_0x) \tag{7-2}$$

ただし，$a_0 = A_0/2$ である．

コラム 周期的なパルス（box 関数）を描いてみる

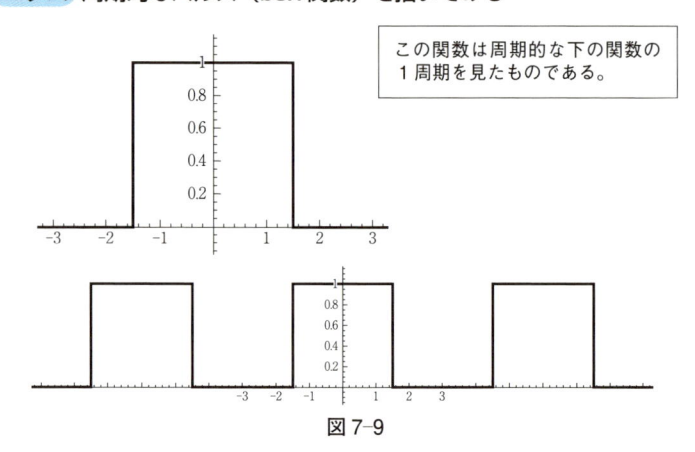

この関数は周期的な下の関数の1周期を見たものである。

図 7-9

この関数は，第1項が全体の平均値で，$y = \dfrac{1}{2}$ になる。また $x=0$ の両側で鏡映対称な関数になるので，sin 項は 0，cos 項が有限の関数になることは明らかである*。

$y = \dfrac{1}{2}$ に $n=1$ の項 $y = \dfrac{2}{\pi}\cos(x)$ を足して：

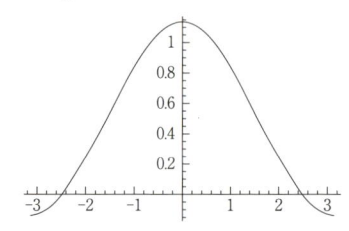

次に $n=3$ の項は負号で加えて $y = \dfrac{2}{3\pi}\cos(x)$

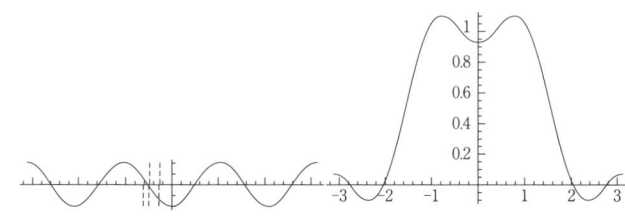

次は $n=5$ の項で $+: y = \dfrac{2}{5\pi}\cos(x)$

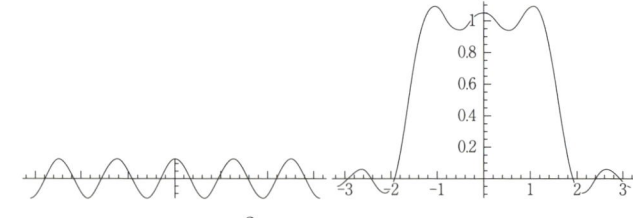

次いで $n=7$ の項は $-: y = \dfrac{2}{7\pi}\cos(x)$

* 「元の波の再現」に必要な位相の情報がこのように現れる。後で見る対称心を持つ構造に相当して，cos 項の符号だけが問題になる（p. 95, 110 参照）。

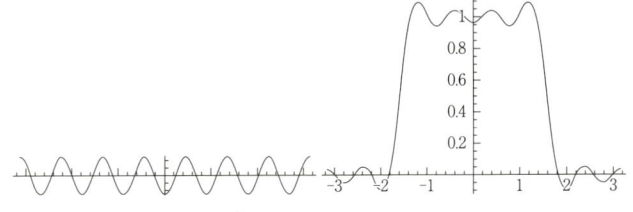

さらに $n=9$ の項で $+:y=\dfrac{2}{9\pi}\cos(x)$

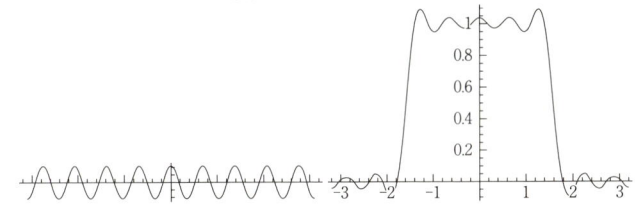

また $n=11$ の項は $-:y=\dfrac{2}{11\pi}\cos(x)$

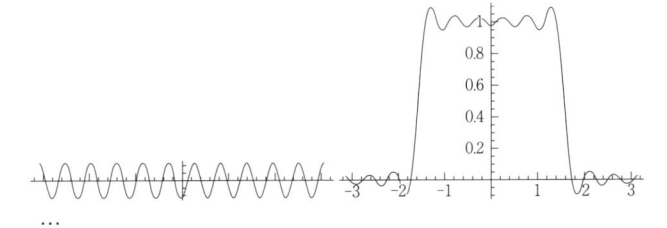

…

と積み重ねていって描いていって，$n=13$ の項を $+$

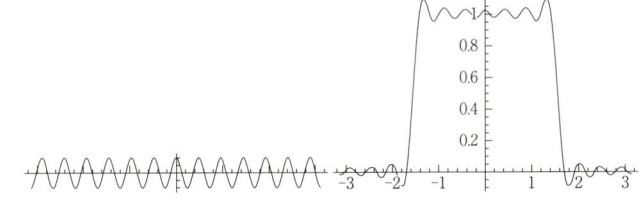

$n=15$ の項を $-$，$n=17$ の項を $+$，$n=19$ の項を $-$，そして $n=21$ の項を $+$ していったのが

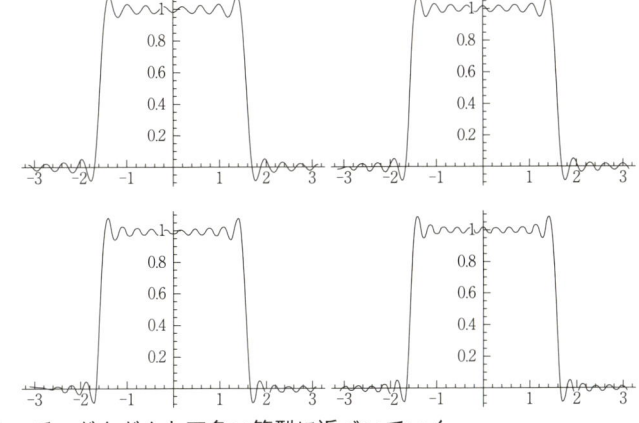

となって，だんだんと四角い箱型に近づいていく。

7-5 フーリエ係数の決定

フーリエ解析は各項の係数，フーリエ係数をきめていくことになる。これには重要な公式がある。

$$\int_0^{2\pi} \cos nt \cos mt \, dt = \pi \delta_{mn}$$

$$\int_0^{2\pi} \cos nt \sin mt \, dt = 0$$

$$\int_0^{2\pi} \sin nt \sin mt \, dt = \pi \delta_{mn}$$

ここで δ_{mn} はクロネッカーのデルタと呼び，$m=n$ ならば $\delta_{mn}=1$ であり，$m \neq n$ ならば $\delta_{mn}=0$ を表す記号である。また積分範囲は1周期分であればよいので $-\pi \sim \pi$ の範囲で求めても同じだ。例えば：

① $\cos 2x \times \cos 4x$ は図 7-10 の積をとると，図 7-11 のようになり，$-\pi \sim \pi$ の範囲の積分値が 0 になることが確かめられる。

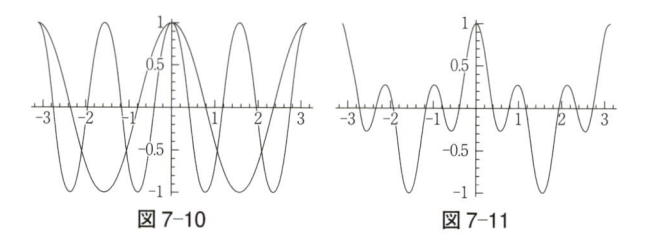

図 7-10　　　　　図 7-11

② $\sin 3x \times \sin 6x$ では図 7-11 の積をとると，図 7-12 のようになって，やはり $-\pi \sim \pi$ の範囲の積分値が 0 になることが確かめられる。

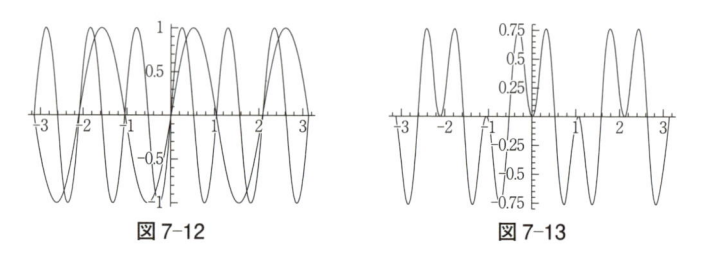

図 7-12　　　　　図 7-13

さて，ここから複素数形式の関数 $f(x)$ をフーリエ展開したときの各項の係数を求める方法がわかる。この関数に $\exp(imk_0 x)$ を掛けて1周期にわたる積分をすれば，m 番目の項の係数が求まる。この値を I_m とおくと

$$I = \int_0^T f(x) \exp(imk_0 x) dx = \int_0^T \sum_{n=-\infty}^{\infty} a_n \exp(ink_0 x) \exp(imk_0 x) dx$$

ここで総和のなかの $m+n=0$ 以外の項の寄与はなくなり（$m=-n$ の項は複素共役の関係にある），$\theta = k_0 x$ として，$-\pi \leq \theta \leq \pi$ での積分をす

る形にすると $d\theta = k_0 dx$ なので

$$I_m = \int_{-\pi}^{\pi} \sum_{n=-\infty}^{\infty} a_n \exp(in\theta) \exp(im\theta) \frac{1}{k_0} d\theta$$

$$I_m = \frac{1}{k_0} \int_{-\pi}^{\pi} a_{-m} d\theta = \frac{2\pi}{k_0} a_{-m}$$

$(\exp(im\theta)\exp(-im\theta) = \cos^2\theta + \sin^2\theta$ に注意)

となって

$$a_m = \frac{k_0}{2\pi} \int_0^T f(x) \exp(-imk_0 x) dx \quad \text{あるいは}$$

$$a_m = \frac{1}{T} \int_0^T f(x) \exp(-imk_0 x) dx$$

を得る。ただし，$m=0$ の項は $f(\theta)$ の平均値を与えるもので，

$$a_0 = \frac{k_0}{2\pi} \int_0^T f(x) dx \quad \text{あるいは} \quad a_0 = \frac{1}{T} \int_0^T f(x) dx$$

である。以上のことから(7-2)式は

$$f(t) = \sum_{n=-\infty}^{\infty} \left[\frac{1}{T} \int_{-T/2}^{T/2} f(x) \exp(-ink_0 x) dx \right] \exp(ink_0 t) \quad (7\text{-}3)$$

と書ける。まぎらわしいので，積分変数を x とし，全体では t とした。また積分範囲を半周期ずらしてある。

7-6 フーリエ変換の表現

フーリエ級数の和がフーリエ積分になることを見ていこう。

(7-3)式からスタートして，$\frac{1}{T} = \frac{1}{2\pi} k_0$ で置き換える（$k_0 = 2\pi/T$ と置いていた）と(7-4)式になる。

$$f(t) = \sum_{n=-\infty}^{\infty} \left[\frac{1}{T} \int_{-T/2}^{T/2} f(x) \exp(-ink_0 x) dx \right] \exp(ink_0 t) \quad (7\text{-}3)$$

$$f(t) = \sum_{n=-\infty}^{\infty} \left[\frac{1}{2\pi} \int_{-T/2}^{T/2} f(x) \exp(-ink_0 x) dx \right] k_0 \exp(ink_0 t) \quad (7\text{-}4)$$

ここからが何とも数学らしい取り扱いで，ごまかされているような気がするのだが，周期 T が無限大に近づくと，$k_0 = 2\pi/T$ はゼロに近づき，n は無限大に接近する。そこで $nk_0 = ndk$ が連続で有限な周波数 k になるように極限をとる。で，単純に $T \to \infty$，$k_0 \to dk$，$nk_0 \to k$ とおけば

$$f(t) = \sum_{n=-\infty}^{\infty} \left[\frac{1}{2\pi} \int_{-\infty}^{\infty} f(x) \exp(-ikx) dx \right] \exp(ikt) dk \quad (7\text{-}5)$$

ここで x について積分すると [　] 内は k の関数になるので

$$F(k)=\int_{-\infty}^{\infty} f(x)\exp(-ikx)dx$$

と定義して，$F(k)$ を $f(x)$ のフーリエ変換という。(7-5)式の和を積分に置き換えて，変数 t を x に代え

$$f(x)=\frac{1}{2\pi}\int_{-\infty}^{\infty} F(k)\exp(ikx)dk$$

となって，$f(x)$ をフーリエ変換 $F(k)$ の逆変換という。

7-6-1　複素フーリエ級数の便利なところ

t 軸上でこの関数を ϕ だけずらしたものがどうなるかを検討してみよう。$t=t-\phi$ を代入する

$$f(t-\phi)=\sum_{n=-\infty}^{\infty} c_n e^{i\frac{2n\pi(t-\phi)}{T}}=\sum_{n=-\infty}^{\infty} c_n e^{-i\frac{2n\pi\phi}{T}} e^{i\frac{2n\pi t}{T}}$$

$\tilde{c}_n=c_n e^{i\frac{2n\pi\varphi}{T}}(n=0,\ \pm1,\ \pm2,\ \cdots)$ とおいて書き直すと

$$f(t-\phi)=\sum_{n=-\infty}^{\infty} \tilde{c}_n e^{i\frac{2n\pi t}{T}}$$

となって，フーリエ係数が変わっただけになる。

* p.98 で見るパターソン関数は，回折強度データのたたみこみである。

7-6-2　たたみこみ（convolution）*

(1) 関数 $f_1(t)$ と $f_2(t)$ の合成積を定義する：
$$f_1(t)*f_2(t)=\int_{-\infty}^{\infty} f_1(x)f_2(t-x)dx$$
(2) これを通常「たたみこみ」と呼ぶ
(3) $f_1(t)$ と $f_2(t)$ のフーリエ変換をそれぞれ $F_1(k)$ および $F_2(k)$ とする
(4) $f_1(t)*f_2(t)$ のフーリエ変換は $F_1(k)F_2(k)$
(5) すなわち：$\int_{-\infty}^{\infty} [f_1(t)*f_2(t)]e^{ikt}dt=F_1(k)F_2(k)$

である。

7-7　フーリエ合成

前節で求めたフーリエ係数(7-3)式をもともとのフーリエ展開式(7-2)式に代入してみよう。変数がわかりにくくなるので，(7-2)式の変数を t に変えて

$$f(t)=\sum_{n=-\infty}^{\infty} a_n \exp(ink_0 t)$$

(7-3)式は $\theta=k_0 x$ によって変数を戻すと $k_0=2\pi/T$ なので

$$a_n=\frac{1}{T}\int_{-T/2}^{T/2} f(x)\exp(-ink_0 x)dx$$

であり

$$f(t)=\sum_{n=-\infty}^{\infty}\left[\frac{1}{T}\int_{-T/2}^{T/2}f(x)\exp(-ink_0x)dx\right]\exp(ink_0t)$$

である。

この章のおすすめ本
谷村康行,『おもしろサイエンス 波の科学—音波・地震波・水面波・電磁波』,日刊工業新聞社（2012年）.

8 結晶とX線の相互作用
─回折理論

8-1 横波の回折と干渉

8-1-1 2つの波源からの波の干渉

　水面に同時に2つの小石を落としたとすると，図8-1のような2つの円形に広がる波を観察できる。この2つの波は重なり合ったところで，一方の波の山と他方の波の山のところは，互いに強め合ってさらに高くなり，その山と山の谷間どうしではさらに深くなった波として伝わっていく（A）。

　ところが，山と谷が出会ったところでは，互いに打ち消しあってこの方向（B）では波動運動が消えてしまう。

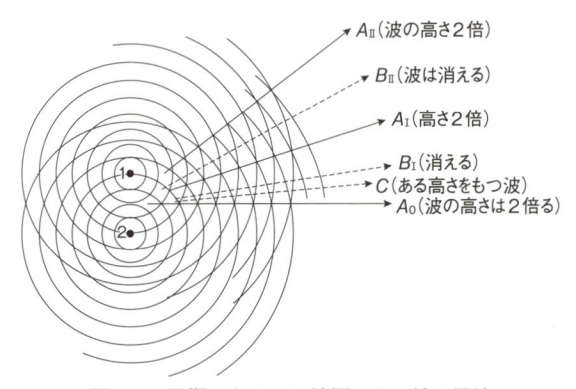

図8-1　同期した2つの波源からの波の干渉

8-1-2 1つの波源からの波が二重スリットを通って起こす干渉

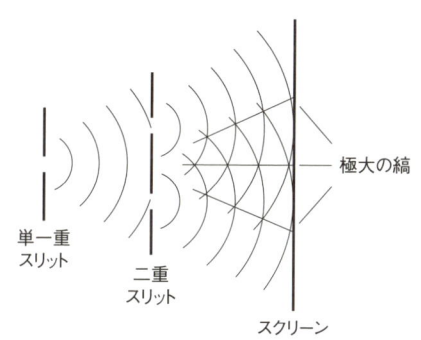

図 8-2 二重スリットを通る波の干渉

光源を1つにして行う二重スリットの実験は，ヤングの干渉縞の実験として見たことがあるだろう（図 8-2）。

8-2 Coherent な（可干渉性）波

海で見る波のように，波は広がりをもって伝わる。今後はそのような位相の揃った平面波を考える。

コヒーレント（可干渉性）の波は拡がりを持っていると考えられる（といっても励起方向は3次元的）。

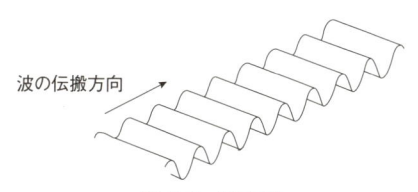

図 8-3 平面波

[**実験**] 次の図の左側に並んだ黒点の穴を通る光の像は，右側に並んだ対応したものとなる。

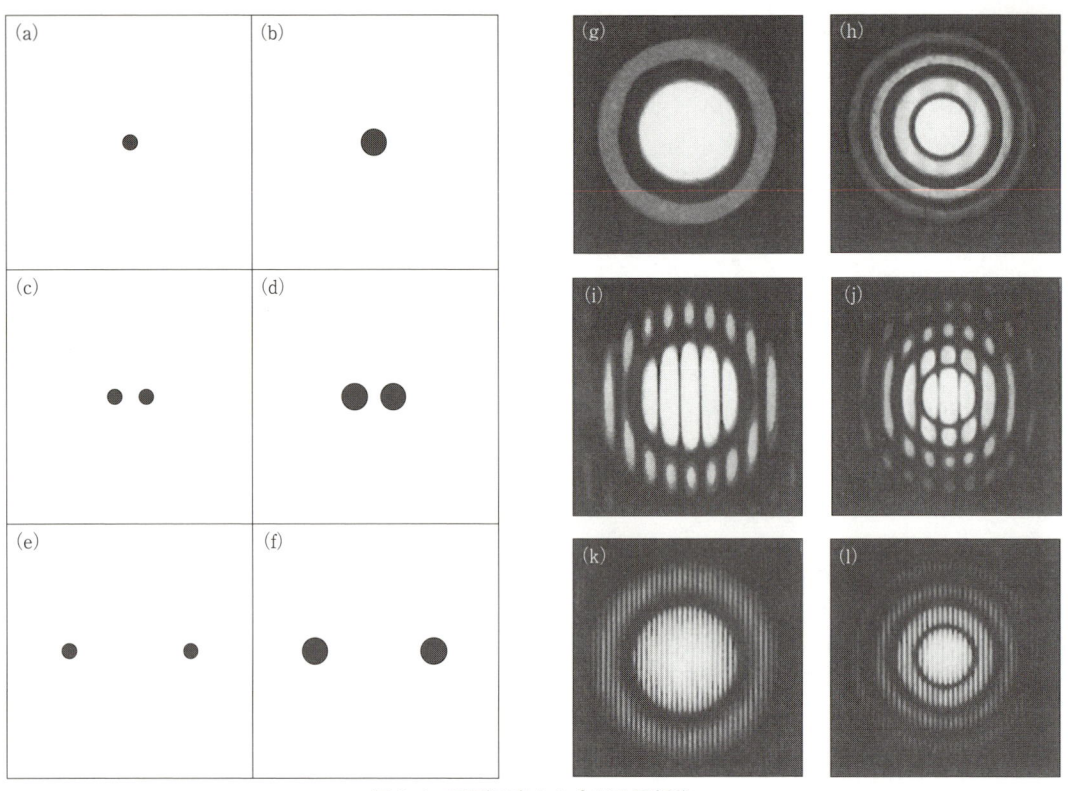

図 8-4　円形の穴から生じる回折像
(a) 小円孔，(b) 大円孔，(c) (e) 横並びの 2 つの小円孔（間隔が狭い場合と広い場合）(d) (f) 横並びの 2 つの大円孔（間隔の違い）

David Blow, "Outline of Cryatallography for Biologists", Oxford Univ. Press (2002)

穴を丸ではなく四角にすると，また様子が変わる：

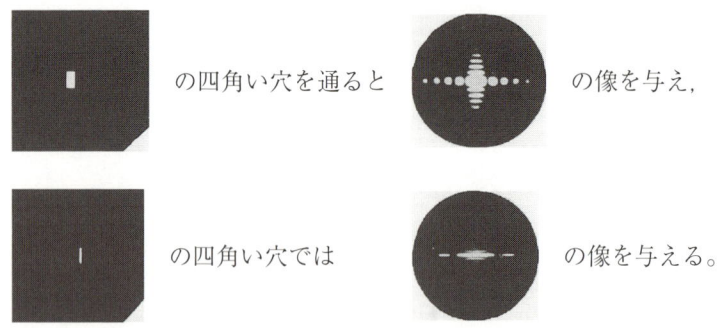

の四角い穴を通ると　　　　　の像を与え，

の四角い穴では　　　　　の像を与える。

S.G.Lipson & H.Lipson, "Optical Physics", 2nd ed., Cambridge Univ. Press (1981)

この穴を上下に広げていくと，上下方向の散乱線は見えなくなる。

8-2-1　回折格子の配列と回折模様

細長いスリットを通った光は，スリットの溝の向きとは垂直な方向に

広がった光となって現れる。このときスリットが細ければ細いほど，光の広がり方は大きくなる。

小学生的な説明をするとすれば，狭くて押しつぶされる方向に反発力で拡がるようなものだ。こんな説明をすると，R. P. ファインマンの『光と物質のふしぎな理論』（蒲江常好，大貫昌子訳，岩波書店，(1987)）で述べていたことを思い出す。

そこで，間隔を a とした点列は，間隔が $1/a$ に比例した点列の方向に並ぶ直線列を与える（図 8-5）。当然，点列を傾けるとき直線列も傾く（図 8-6）。

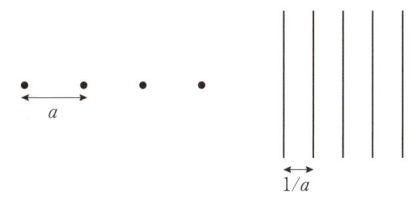

図 8-5　横に並んだ点列のスリットを通った光の像

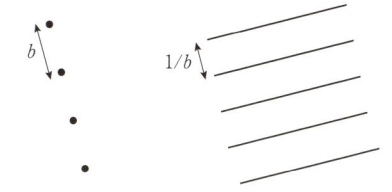

図 8-6　傾斜した点列のスリットを通った光の像

コラム　回折格子と回折パターン

8-2-1 に示した回折格子と回折パターンの関係は，アメリカの化学教育研究所（The Institute for Chemical Education, ICE）から，光回折実験キットとして写真縮小されたパターンを収めたスライドが，安価で提供されていたそうだ。そのパターンが『固体化学 1 ―図で理解する構造―』[†] に掲載されている。

このうちの右の 2 つはそれぞれ下の図に相当する回折像を与える。

これらの平行線が傾いてあれば，その回折像の点列も傾く。なお，回折像の点列の間隔は，元の平行線格子の間隔に逆比

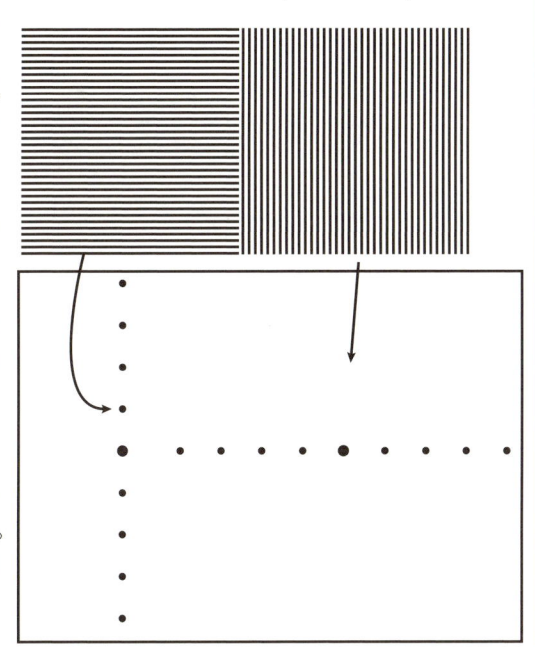

例していることはすでに見た。

それは，さらに下の (a) の平行線のパターンを (b) の傾いた平行線パターンにしたものになり，その回折像はそれぞれ横の白黒反転した (a) と (b) のようになる。さて，上の (b) の平行線をつなぎ合わせて (c) ようにすると，その回折像はさらに白黒反転 (c) のようになる。

DNA のらせん構造はこのような回折像を得たことで示されたのではあるが，実際の証拠となった回折像にまつわる事柄には，歴史の闇の中にある*。

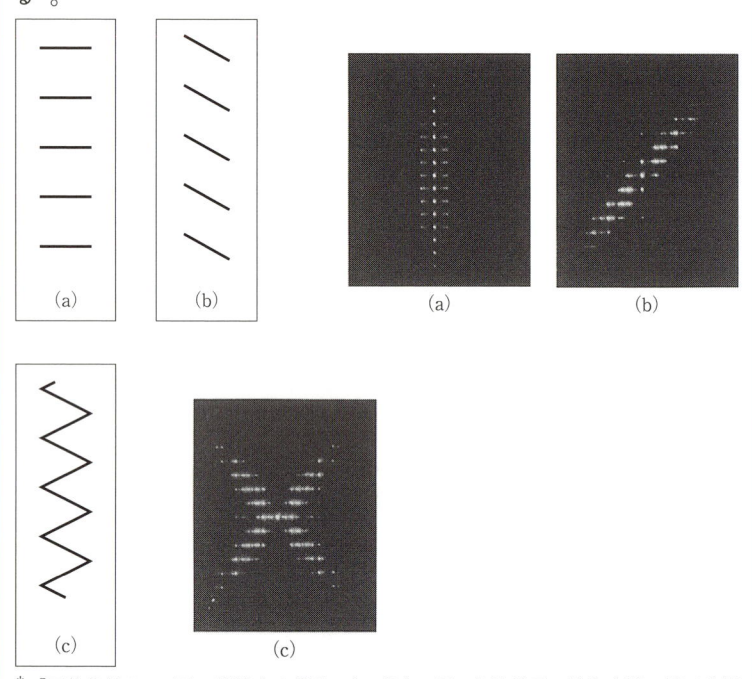

† 『固体化学１ ―図で理解する構造―』，藤島　昭，魚崎浩平，嶋津克明，益田秀樹共訳，丸善（1999）
* James D. Watson, "The Double Helix", A Presonal Account of the Discivery of the Structure of DNA, Penguin Books（1968）.

8-3　１次元格子による散乱

スリットの間隔が a の１次元の並びを考える（図 8-7）。これに下方から垂直に平面波がやってくると，波は隙間を抜けて上方へ抜けていく。その波はそれぞれのスリットを中心とした円形に広がる。全ての波の位相が揃っているので，全体としてみると再び平面波として揃って前進していくのが観察できる。この円形に広がった波の包絡線を連ねると，別のつながりが見えてくる。スリット群に平行に進む波は全て同時に発した波のつながりだが，１波長ずつずれていくもの，２波長ずつずれていくもの…，もそれぞれ平面波を構成することになる。

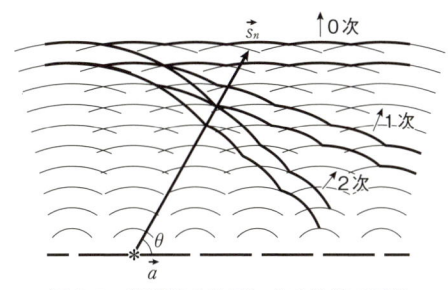

図8-7 直線状の格子による光線の形状

8-3-1 回折条件

n波長だけずれた波の包絡線が進む方向の単位ベクトルを$\vec{s}_n$とする。またスリットの間隔を右向きのベクトルとして表示することにする($\vec{a}$)。ベクトル$\vec{s}_n$とベクトル$\vec{a}$のなす角をθとすると，この波長差は$|\vec{a}|\cos\theta$となり，両ベクトルの内積（スカラー積）で表せる。

$$\vec{s}_n \cdot \vec{a} = |\vec{s}_n||\vec{a}|\cos\theta = n\lambda \quad (|\vec{s}_n|=1)$$

ただし，λは入射波の波長である。あるいは内積は掛ける順序を問わないので

$$\vec{a} \cdot \vec{s}/\lambda = n$$

と書ける。今後このベクトル$\vec{a}$に対応する整数nにはhを当てることにする。

8-3-2 より一般的な回折条件

一般的には入射波も回折波もスリット群との角度は変化してよい。そこで入射波を進行方向の向きを持つベクトルとして$\vec{s}_i$で表し，回折波を進行方向の向きを持つベクトル$\vec{s}_r$とし，これが図8-8の$\vec{a}$の向きに並んだ面から回折（反射）する場合を考える。

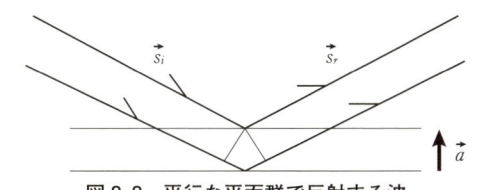

図8-8 平行な平面群で反射する波

第1の面，第2の面…で生じた回折（反射）波が干渉することになるが，1つの面間で生じる入射波の位相差は$\vec{a}\cdot\vec{s}_i$であり，回折波のそれは$\vec{a}\cdot\vec{s}_r$である。前者で遅れた波が，後者では先に出ていることになるので（図8-9参照），両者の差が回折条件を与える。

図 8-9　散乱ベクトル $\vec{S}$ と面間隔 $\vec{a}$

$$\vec{a}\cdot\vec{s}_r - \vec{a}\cdot\vec{s}_i = h\lambda$$

あるいは

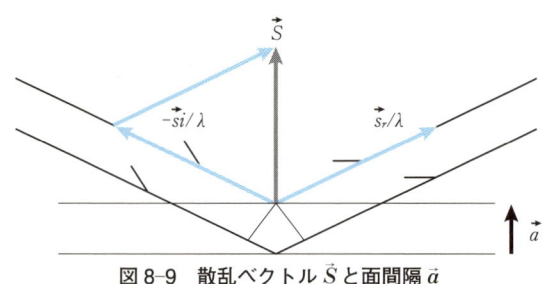

$$\vec{a}\cdot(\vec{s}_r - \vec{s}_i) = h\lambda$$

ここで $(\vec{s}_r - \vec{s}_i)/\lambda = \vec{S}$ とおき，これを散乱ベクトルと呼ぶ。

入射波と回折波のベクトルと反射面とのなす角が等しく θ である時，$|\vec{S}| = 2\sin\theta/\lambda$ であることは図から読み取れるだろう*。

*ブラッグの式 (p.62)。

8-3-3　3次元格子からの回折

3方向の繰り返し周期をそれぞれ $\vec{a}, \vec{b}, \vec{c}$ とすると，それぞれの方向に上の回折条件が生じるので

$$\vec{a}\cdot\vec{S} = h, \quad \vec{b}\cdot\vec{S} = k, \quad \vec{c}\cdot\vec{S} = l$$

が成り立つ。ただし，h, k および l は任意の整数である。

ここで，回折を生じる点列が $\vec{a}$ 方向に x, $\vec{b}$ 方向に y, $\vec{c}$ 方向に z だけずれた位置にもある場合を考えておこう。その位置は $x\vec{a} + y\vec{b} + z\vec{c}$ であるので

$$(x\vec{a} + y\vec{b} + z\vec{c})\cdot\vec{S} = x\vec{a}\cdot\vec{S} + y\vec{b}\cdot\vec{S} + z\vec{c}\cdot\vec{S} \qquad (8\text{-}1)$$
$$= hx + ky + lz$$

という位相に「ずれ」があることがわかる。

(x, y, z) は $\vec{a}, \vec{b}, \vec{c}$ で作られる平行六面体内の点で，それぞれ 0〜1 の値をとり，フラクショナル座標と呼ばれる。(8-1)式の結果を波動の位相として表すと一周期が 2π となるので，(8-1)式の 2π 倍がそれにあたる。

8-4　h, k, l の意味

8-4-1　ベクトルの積

ここでベクトルについてのおさらいをしておこう。

ここまでベクトルの内積（スカラー積）は断りなしに使ってきた。ベクトルの積にはもう1つ，外積（ベクトル積）という演算がある。

　　　内積（スカラー積）　　$\vec{a}\cdot\vec{b} = |\vec{a}||\vec{b}|\cos\theta$

　　　　　　　　　　　　　　　（θ は2つのベクトル $\vec{a}$ と $\vec{b}$ のなす角）

外積（ベクトル積）　$\vec{a}\times\vec{b}=\vec{d}$ となるベクトル $\vec{d}$ は次の2つの
条件を満たす：
① $\vec{a}\perp\vec{d}$ および $\vec{b}\perp\vec{d}$ で，かつ $\vec{a}, \vec{b}, \vec{d}$ の順に右手系をなす
② $|\vec{d}|=|\vec{a}\times\vec{b}|=|\vec{a}||\vec{b}|\sin\theta$
（θ が2つのベクトル $\vec{a}$ と $\vec{b}$ のなす角であることは上と同じ）

図式化すると，図8-10のようになって，$|\vec{a}\times\vec{b}|$ は2つのベクトル $\vec{a}$ と $\vec{b}$ が作る平行四辺形の面積（G）になる。

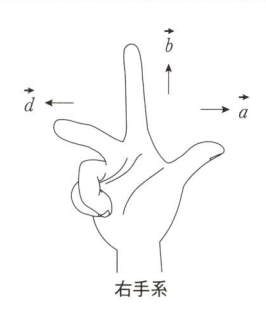

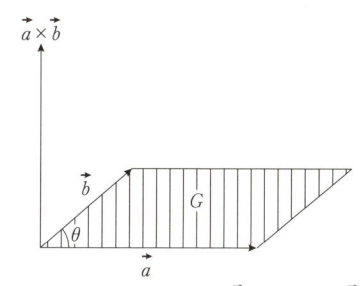

図8-10　ベクトル $\vec{a}$ と $\vec{b}$ の外積 $\vec{a}\times\vec{b}$

8-4-2　スカラー三重積

ベクトル積でできたベクトルと別のベクトルの間スカラー積を考える。同一平面上にない3つのベクトル $\vec{a}, \vec{b}, \vec{c}$ について

$$(\vec{a}\times\vec{b})\cdot\vec{c}$$

を考えると，$\vec{a}\times\vec{b}$ の大きさは底面積 G である。

$|\vec{c}|\cos\varphi$ は図8-11の h となって，全体の結果となる $G\times h$ は3つのベクトル $\vec{a}, \vec{b}, \vec{c}$ のつくる平行六面体の体積（V）となることがわかる。

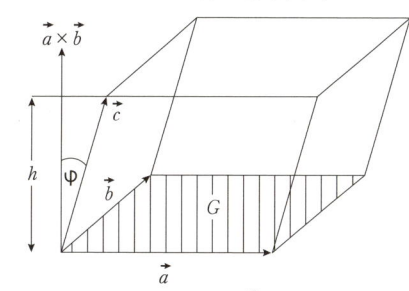

図8-11　3つのベクトル $\vec{a}, \vec{b}, \vec{c}$ で作る平行六面体

8-4-3　結晶内の平面を考察する

結晶格子の各軸 $\vec{a}, \vec{b}, \vec{c}$ とそれぞれ x, y, z の位置で交わる平面を考える（図8-12）。

(1) この平面は $(y\vec{b}-x\vec{a})$ と $(z\vec{c}-x\vec{a})$ に垂直な法線（$\vec{d}$）を持つ。

$\Rightarrow \vec{d}\propto(y\vec{b}-x\vec{a})\times(z\vec{c}-x\vec{a})=yz\vec{b}\times\vec{c}-xy\vec{b}\times\vec{a}-zx\vec{a}\times\vec{c}$

$\qquad\qquad\qquad\qquad\qquad =yz\vec{b}\times\vec{c}+xy\vec{a}\times\vec{b}+zx\vec{c}\times\vec{a}$

（同じベクトルのベクトル積はゼロ）

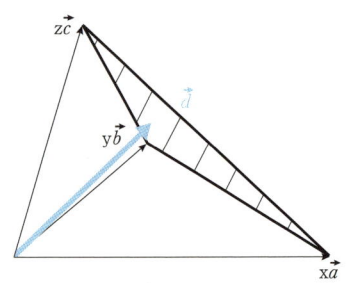

図 8-12　$x\vec{a}$, $y\vec{b}$, $z\vec{c}$ を通る平面までの原点から垂直に降したベクトルは $\vec{d}$

(2) 比例定数を $1/(xyz)$ とおくと

(3) $\vec{d} = \dfrac{1}{x}\vec{b}\times\vec{c} + \dfrac{1}{y}\vec{c}\times\vec{a} + \dfrac{1}{z}\vec{a}\times\vec{b}$

ここで $\vec{d}$ と各軸のベクトル $\vec{a}, \vec{b}, \vec{c}$ との内積を考える。

$\Rightarrow \vec{a}\cdot\vec{d} = \vec{a}\cdot(\dfrac{1}{x}\vec{b}\times\vec{c} + \dfrac{1}{y}\vec{c}\times\vec{a} + \dfrac{1}{z}\vec{a}\times\vec{b}) = \dfrac{1}{x}\vec{a}\cdot(\vec{b}\times\vec{c})$

(4) 改めて $\vec{D} = \vec{d}/V$　（$V = \vec{a}\cdot(\vec{b}\times\vec{c})$）と置いて

$\vec{a}\cdot\vec{D} = \dfrac{1}{x}$

$\vec{b}\cdot\vec{D} = \dfrac{1}{y}$

$\vec{c}\cdot\vec{D} = \dfrac{1}{z}$

以前に求めた $\vec{a}\cdot\vec{S} = h$　$\vec{b}\cdot\vec{S} = k$　$\vec{c}\cdot\vec{S} = l$ と比べて

$x = \dfrac{1}{h}$　$y = \dfrac{1}{k}$　$z = \dfrac{1}{l}$ なら

$\vec{D} = \vec{S}$ である

なおここで $\vec{D}$ または $\vec{S}$ の大きさは原点から平面までの距離の逆数である。

8-4-4　h, k, l の意味のまとめと逆格子ベクトル

(1) 回折平面が $\vec{a}, \vec{b}, \vec{c}$ 軸と交わる点がそれぞれ $\vec{a}/h, \vec{b}/k, \vec{c}/l$ であることを示す。

(2) こうした一群の平面は (h, k, l) のミラー指数をもつ結晶面と呼ばれる。

(3) (nh, nk, nl) の指数を持つ結晶面は (h, k, l) 面の $1/n$ の間隔を持つ一群の面となる*。

*したがってミラー指数は単位格子内を細分化していく。

(4) $(\vec{b}\times\vec{c})/V = \vec{a}^*$, $(\vec{c}\times\vec{a})/V = \vec{b}^*$, $(\vec{a}\times\vec{b})/V = \vec{c}^*$ とおいて, $\vec{a}^*, \vec{b}^*, \vec{c}^*$ を逆格子ベクトルと呼ぶ

回折斑点は逆格子の点列を見ている！

これが後で紹介する回折についての Ewald の考え方になっていく。

[逆格子ベクトルの性質]
(1) $\vec{a}\cdot\vec{a}^* = \vec{a}\cdot(\vec{b}\times\vec{c})/V = V/V = 1$
(2) $\vec{a}\cdot\vec{b}^* = \vec{a}\cdot(\vec{c}\times\vec{a})/V = 0/V = 0$

以上のことから
$$\vec{S} = h\vec{a}^* + k\vec{b}^* + l\vec{c}^*$$

[**考えてみよう**] $\vec{a}^*\cdot(\vec{b}^*\times\vec{c}^*)$ はどうなるか！

> **問題** $\vec{a}^*\cdot(\vec{b}^*\times\vec{c}^*)$ はある条件を付けると簡単に求められる。その条件は何か？その条件を決めて $\vec{a}^*\cdot(\vec{b}^*\times\vec{c}^*)$ を計算せよ。
>
> **解** ベクトルの積を計算する時に問題になるのは，内積の場合は $\cos\varphi$ の値で，外積の場合は $\sin\theta$ の値である。問題なく答えが得られるのは $\cos\varphi=1$ と $\sin\theta=1$ の場合だ。後者は2つのベクトルが直交している場合を指し，前者はこの2つのベクトルに残りのベクトルもまた直交している場合になる。したがって，全ての軸が直交している斜方晶系，正方晶系，立方晶系の場合に簡単になる。一般的には斜方晶系の場合で
> $$\vec{a}^*\cdot(\vec{b}^*\times\vec{c}^*) = a^*b^*c^* = V^*$$
> であるが
> $$\vec{a}\cdot\vec{a}^* = \vec{a}\cdot(\vec{b}\times\vec{c})/V = V/V = 1$$
> より $a^* = 1/a,\ \cdots$ であるから
> $$a^*b^*c^* = 1/a\cdot 1/b\cdot 1/c = 1/V$$
> である。

* V^* は逆格子の体積。次に見るように $V^* = 1/V$ である。

ここで逆格子定数の正格子定数による表現を示しておく。

定義より明らかに
$$a^* = bc\sin\alpha/V,\ b^* = ca\sin\beta/V,\ c^* = ab\sin\gamma/V$$
角度については
$$\cos\alpha^* = (\cos\beta\cos\gamma - \cos\alpha)/(\sin\beta\sin\gamma)$$
$$\cos\beta^* = (\cos\gamma\cos\alpha - \cos\beta)/(\sin\gamma\sin\alpha)$$
$$\cos\gamma^* = (\cos\alpha\cos\beta - \cos\gamma)/(\sin\alpha\sin\beta)$$
の関係がある。

逆格子の体積については
$$V^* = a^*b^*c^*\sqrt{1 - \cos^2\alpha^* - \cos^2\beta^* - \cos^2\gamma^* + 2\cos\alpha^*\cos\beta^*\cos\gamma^*}$$

[**ちょっと寄り道**] $\vec{a}^*\cdot(\vec{b}^*\times\vec{c}^*)$ はどうなるかきちんと考えてみよう。
$$\vec{a}^*\cdot(\vec{b}^*\times\vec{c}^*) = V^* \text{です。}$$
ここで，V^* は $\vec{a}^*, \vec{b}^*, \vec{c}^*$ のつくる逆格子の体積。
定義にしたがって
$$V^* = \vec{a}^*\cdot(\vec{b}^*\times\vec{c}^*) = (\vec{b}\times\vec{c})\cdot(\vec{c}\times\vec{a})\times(\vec{a}\times\vec{b})/V^3$$
ここで問題になるのは $(\vec{c}\times\vec{a})\times(\vec{a}\times\vec{b})$ の計算だ。
$(\vec{c}\times\vec{a})\times(\vec{a}\times\vec{b})$ の計算を順に考えていこう。
前者の積は $\vec{c},\vec{a}$ の順で次の $\vec{b}$ の方向である。後者の積は $\vec{a},\vec{b}$ の順で次

の $\vec{c}$ の方向になる。そこで全体のベクトルの向きは $\vec{b}, \vec{c}$ の順で次の $\vec{a}$ の方向になってくれる。全体は，前者から $\vec{c}\vec{a}$ 面内，後者から $\vec{a}\vec{b}$ 面内にあるということなので，結局 $\vec{a}$ そのものの方向のベクトルになるということだ。$\vec{a}$ の方向の単位ベクトルを $\vec{i}$ として，この四重積の大きさは $|\vec{c}||\vec{a}| \sin \beta \times |\vec{a}||\vec{b}| \sin \gamma$ に $\vec{b}^*$ と $\vec{c}^*$ のなす角の正弦がかかる（$\sin \alpha^*$）。
図にすると次のようになる。

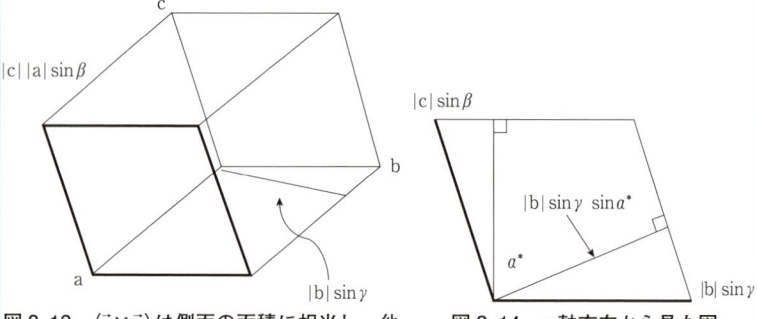

図 8-13 $(\vec{c} \times \vec{a})$ は側面の面積に相当し，他方の一部は垂線の長さになる。

図 8-14 a 軸方向から見た図

$\vec{i}$ の $|\vec{a}|$ 倍は $\vec{a}$ である。

なお，$\cos(\pi/2 - \alpha^*) = \sin \alpha^*$ であるので，$(\vec{c} \times \vec{a}) \times (\vec{a} \times \vec{b})$ は，この $\vec{a}$ にさらに大きさ $|\vec{c}||\vec{a}| \sin \beta |\vec{b}| \sin \gamma$ に $\sin \alpha^*$ を掛けたものになる。

$|\vec{c}||\vec{a}| \sin \beta$ は $\vec{a}, \vec{b}, \vec{c}$ のつくる平行六面体の $\vec{a}\vec{c}$ 面の面積である。また，$|\vec{b}| \sin \gamma$ が $\vec{b}$ の長さの $\vec{a}\vec{b}$ 面内でのその先端の $\vec{a}$ 軸までの距離である。これに $\sin \alpha^*$ を掛けて $\vec{a}\vec{c}$ 面までの距離となる。すなわち

$$(\vec{c} \times \vec{a}) \times (\vec{a} \times \vec{b}) = V\vec{a}$$

という訳だ。

これで

$$V^* = \vec{a}^* \cdot (\vec{b}^* \times \vec{c}^*)$$
$$= (\vec{b} \times \vec{c}) \cdot (\vec{c} \times \vec{a}) \times (\vec{a} \times \vec{b}) / V^3$$

の計算ができる。

$(\vec{b} \times \vec{c}) \cdot (\vec{c} \times \vec{a}) \times (\vec{a} \times \vec{b}) / V^3 = (\vec{b} \times \vec{c}) \cdot V\vec{a} / V^3$

すなわち $(\vec{b} \times \vec{c}) \cdot \vec{a} / V^2$

$(\vec{b} \times \vec{c}) \cdot \vec{a}$ は $\vec{b}, \vec{c}, \vec{a}$ のつくる平行六面体の体積なのでやはり V

したがって $V^* = \vec{a}^* \cdot (\vec{b}^* \times \vec{c}^*) = 1/V$

9 構造因子—電子密度と回折強度（原子散乱因子と構造因子）および消滅則

9-1 X線を散乱するもの

(1) X線は電磁波で電磁波は電場と磁場が変動して伝播するもの

(2) 電磁波は荷電粒子と出会うと，荷電粒子を電磁波の振動に同期した強制振動を引き起こす

(3) 質量の大きな核は，慣性のために振動数の大きな X 線の振動には同期しない

以上をまとめると，結晶内で同期できるのは電子だけ！

9-2 原子散乱因子 f_{atom} （原子という窓からの散乱）

9-2-1 原子散乱因子とは

原子中の電子が X 線を散乱する（回折する）ときの電子同士の関係を見てみよう。

例えば原子番号 6 番の炭素原子には 6 つの電子が原子核の周りに分布している。その分布の様子は核を中心とした電子密度分布関数 $\rho(\vec{r})$ で

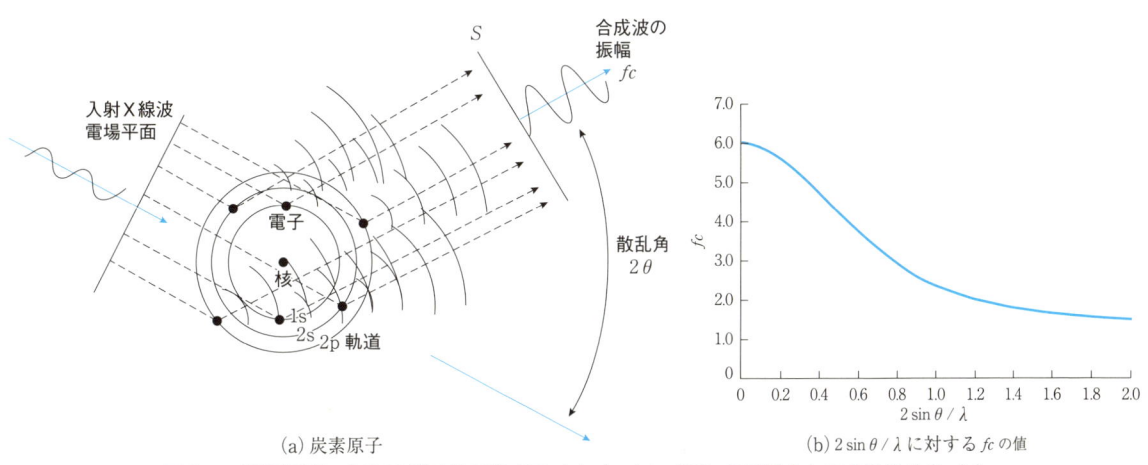

図 9-1　炭素原子による X 線回折の模式図 (a) と $(\sin\theta/\lambda)$ の関数としての散乱能の (b)

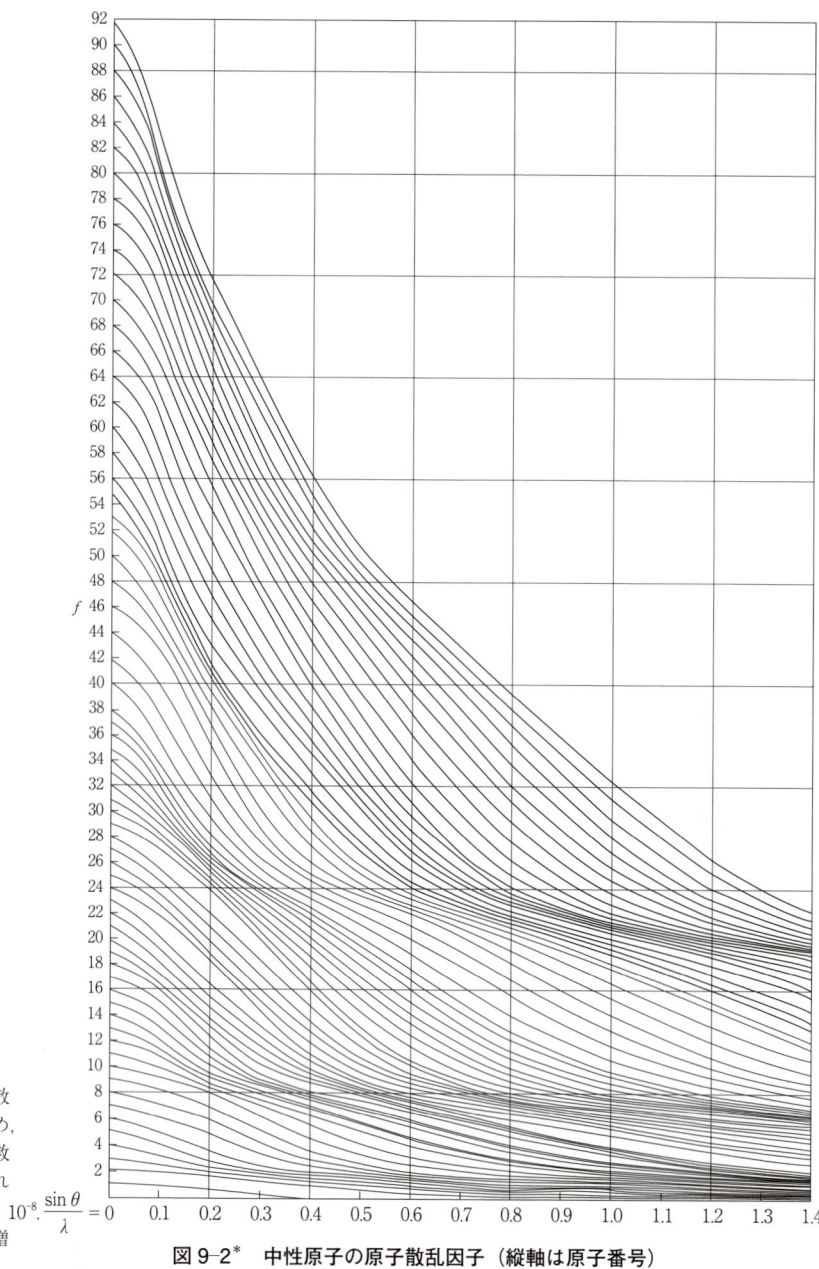

＊前方散乱は全ての電子による散乱への寄与が位相差0であるため，この強度がその原子の持つ電子数（原子番号）に等しく規格化されている。
　イオンの散乱因子は電子数の増減の補正が必要である

図 9-2*　中性原子の原子散乱因子（縦軸は原子番号）
(Buerger, M. J."X-ray crystallography", Wiley (1942) より，IUCr Monographs-5)

示される。

原子内の電子間での干渉がX線の原子ごとの散乱強度を与える（図9-1）

この原子に入射したX線の散乱波 $\vec{S}$ は核から $\vec{r}$ の位置での電子密度 $\rho(\vec{r})$ の寄与の原子全体にわたった総和と考えられる。その位相は $2\pi \vec{r}\cdot\vec{S}$ であるから

$$\lim_{\Delta r \to 0}\sum_{r=0}^{\infty}\rho(r)\exp(2\pi i r\cdot S)\Delta r = \int_0^\infty \rho(r)\exp(2\pi i r\cdot S)dr$$

3次元の積分なので書き換えて

$$\int_{\text{atom}} \rho(r) \exp(2\pi i \vec{r} \cdot \vec{S}) dv$$

となる。ただし積分は原子全体にわたった体積について行う。これを原子ごとに f_{atom} で表し，原子散乱因子と呼ぶ。

散乱角が0度の方向ではいつでも電子からの散乱波の位相のずれはない。炭素原子なら電子6個分の散乱があるので，これに規格化すると原子ごとの散乱因子を比べられる。

原子によって散乱因子は異なり，原子ごとに図9-2のようになる。

9-2-2 電子数の等しい原子・イオンの散乱因子

電子数が等しいと，前方散乱（回折角0度）の値は等しくなる。しかし陰イオンでは電子雲は広がって疎になる分，回折角が増すにつれて電子間の距離が広がって位相差が増すので全体として弱めあう傾向が強まる。他方，陽イオンでは電子密度は密になっていて，回折角が増しても位相差が大きくならないため，なかなか減衰しない。

そこで O^{2-}，Ne，Si^{4+} を比べてみると，図9-3のように違いが生じる。

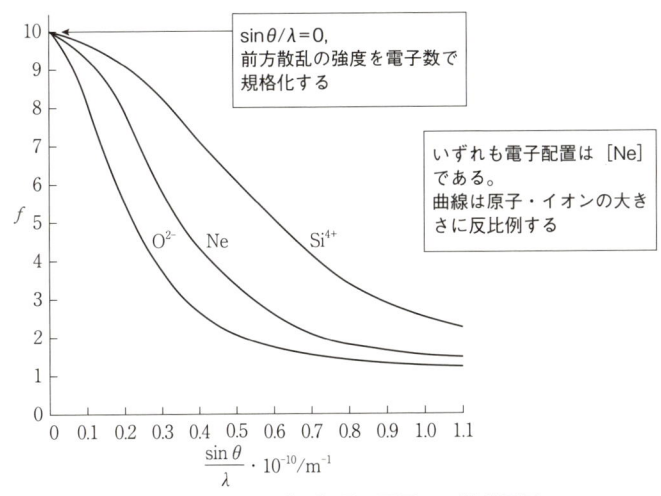

図9-3 種々の［Ne］電子配置での散乱因子

9-3 回折強度と構造因子

8章で見たように，回折波は格子のつくる格子面と結びつけられるが，その回折強度と電子ごとの位相差で決まることがわかった。

また，8-4-3で見たように，各ミラー指数の示す格子面は，1つの格子を分割していることになる。

9-3-1 構造因子

(1) 格子内の電子によるX線の散乱強度は，各原子の寄与に配分できる。

(2) 格子の原点を適当にとって，そこからrだけ離れた場所の電子による散乱波は原点にあるものから$2\pi \vec{r} \cdot \vec{S}$だけ位相がずれている。

(3) 複素フーリエ級数の便利なところを使って，全体の寄与は下記のように書ける。

$$\sum_n f_n^{\text{atom}} \exp(2\pi i \vec{r}_n \cdot \vec{S})$$

(4) $\vec{r}_n$が$\vec{a}, \vec{b}, \vec{c}$軸方向にそれぞれ$x_n, y_n, z_n$だけずれた位置を示しているとすると

$$\vec{r}_n \cdot \vec{S} = hx_n + ky_n + lz_n$$

となるので

$$\sum_n f_n^{\text{atom}} \exp[2\pi i(hx_n + ky_n + lz_n)]$$

これはh, k, lの関数になっている。これを$F(hkl)$とおいて構造因子と呼ぶ。以上をまとめると

(1) 電子からの散乱にもとづくX線回折は，単位格子内からのものの総和として格子内の原子によるものの総和に書き直せる。

(2) 格子内の原子の数がN個のとき：

$$F(hkl) = \sum_{n=1}^{N} f_n^{\text{atom}} \exp[2\pi i(hx_n + ky_n + lz_n)]$$

ただしn番目の原子の原子散乱因子をf_n^{atom}，格子内座標を$x_n\vec{a}, y_n\vec{b}, z_n\vec{c}$とした。

(回折強度)

構造因子は単位格子によって回折するX線の振幅である。したがって，結晶によって回折されるX線の強度はこの振幅の二乗に比例したものになる。

9-3-2 構造因子の性質

(1) フリーデル則（図9-4）

(h, k, l)と$(-h, -k, -l)$での値を比較する

$$F(\bar{h}\bar{k}\bar{l}) = \sum_n f_n^{\text{atom}} \exp[-2\pi i(hx_n + ky_n + lz_n)]$$ は$F(hkl)$の共役複素数。

したがって

$$|F(hkl)| = |F(\bar{h}\bar{k}\bar{l})|$$

（ミラー指数の表示で負号は数字の上に書く習慣がある）

・すなわち，図9-4でみるように，表側での反射は裏側での反射と同じ

はずであるということだ。

(2) 対称性を持つ格子の場合

対称要素が Z 個ある場合はその和を2つに分けて

$$F(hkl) = \sum_{n=1}^{N/Z} f_n^{atom} \sum_{j=1}^{Z} \exp[2\pi i (hx_j + ky_j + lz_j)]$$

原子の種類の項　　対称操作による項

に分けて和をとることができる。

(ⅰ) 対称心のあるとき

同じ原子が (x, y, z) と $(-x, -y, -z)$ にあるので

$$F(hkl) = \sum_{n=1}^{N/2} f_n^{atom} \{\exp[2\pi i(hx + ky + lz)] + \exp[-2\pi i(hx + ky + lz)]\}$$

ここでオイラーの公式 ($e^{i\theta} = \cos\theta + i\sin\theta$) を使うと

$$F(hkl) = 2\sum_{n=1}^{N/2} f_n^{atom} \cos[2\pi(hx + ky + lz)]$$

虚数項がなくなり，$F(hkl)$ の値は正か負で，位相が 0 か π にしかならないことを意味する。

・このことは 10 章で具体的に見ることになる。

(ⅱ) 2 回軸が $\vec{b}$ 軸に平行にあるとき

同じ原子が (x, y, z) と $(-x, y, -z)$ にあるので

$$F(hkl) = \sum_{n=1}^{N/2} f_n^{atom} \{\exp[2\pi i(hx + ky + lz)] + \exp[2\pi i(-hx + ky - lz)]\}$$

$$= \sum_{n=1}^{N/2} 2 f_n^{atom} \exp[2\pi i(ky)] \cos[2\pi(hx + lz)]$$

次に $(-h, k, -l)$ での回折を考えると

$$F(\bar{h}k\bar{l}) = \sum_{n=1}^{N/2} f_n^{atom} \{\exp 2\pi i[(-hx + ky - lz)] + \exp[2\pi i(hx + ky + lz)]\}$$

$$= \sum_{n=1}^{N/2} 2 f_n^{atom} \exp[2\pi i(ky)] \cos[2\pi(hx + lz)]$$

2 つの結果を比べてフリーデル則を思い出すと

$$|F(hkl)| = |F(\bar{h}k\bar{l})| = |F(h\bar{k}l)| = |F(\bar{h}\bar{k}\bar{l})|$$

ということがわかる。

(ⅲ) 鏡映面 (m) が $\vec{b}$ 軸と垂直にあるとき

同じ原子が (x, y, z) と $(x, -y, z)$ にあるので

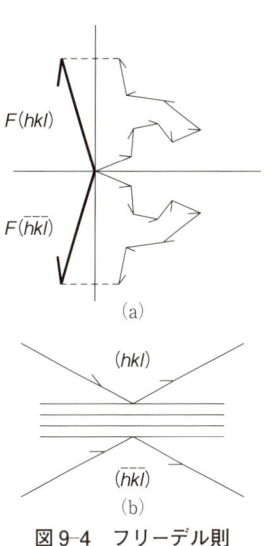

図 9-4 フリーデル則
(a) 位相を含める原子散乱因子の総和
(b) おもて面での"反射"とうら面での"反射"

$$F(hkl)=\sum_{n=1}^{N/2} f_n^{\text{atom}} \{\exp[2\pi i(hx+ky+lz)]+\exp[2\pi i(hx-ky+lz)]\}$$

$$=\sum_{n=1}^{N/2} 2f_n^{\text{atom}} \exp[2\pi i(hx+lz)]\cos[2\pi(ky)]$$

次に $(h, -k, l)$ での回折を考えると

$$F(h\bar{k}l)=\sum_{n=1}^{N/2} f_n^{\text{atom}} \{\exp[2\pi i(hx-ky+lz)]+\exp[2\pi i(hx+ky+lz)]\}$$

$$=\sum_{n=1}^{N/2} 2f_n^{\text{atom}} \exp[2\pi i(hx+lz)]\cos[2\pi(ky)]$$

（ⅱ）の場合と同様で

$$|F(hkl)|=|F(\bar{h}kl)|=|F(h\bar{k}l)|=|F(\bar{h}\bar{k}l)|$$

である。

（ⅱ）の場合も（ⅲ）の場合も単斜晶系の場合に相当して，同じ回折パターンの対称性を与える。

（ⅳ）2回らせん軸が $\vec{b}$ 軸に平行にある場合

(x, y, z) と $\left(-x, \dfrac{1}{2}+y, -z\right)$ に同じ原子がある。

$$F(hkl)=\sum_{n=1}^{N/2} f_n^{\text{atom}} \left\{\exp[2\pi i(hx+ky+lz)]+\exp\left[2\pi i\left(-hx+\dfrac{1}{2}k+ky-lz\right)\right]\right\}$$

$$=\sum_{n=1}^{N/2} f_n^{\text{atom}} \exp[2\pi i(ky)]\{\exp[2\pi i(hx+lz)]+\exp[2\pi i(-hx-lz)]\exp[\pi ik]\}$$

$\exp \pi ik$ は k が偶数のとき 1 で奇数のとき -1。

したがって，{ } 内は

　　k が偶数のとき　$\cos[2\pi(hx+lz)]$

　　k が奇数のとき　$i\sin[2\pi(hx+lz)]$

$(-h, k, -l)$ でも同様であるから，$F(hkl)=F(\bar{h}k\bar{l})$ は明らかで，やはり単斜晶系に属する。

　(a) 特別な場合として $(0, k, 0)$ での値をみる（消滅則）

$$F(hkl)=\sum_{n=1}^{N/2} f_n^{\text{atom}} \left\{\exp[2\pi i(0x+ky+0z)]+\exp\left[2\pi i\left(-0x+\dfrac{1}{2}k+ky-0z\right)\right]\right\}$$

$$=\sum_{n=1}^{N/2} f_n^{\text{atom}} \exp[2\pi i(ky)]\{\exp[2\pi i(0x+0z)]+\exp[2\pi i(-0x-0z)]\exp[\pi ik]\}$$

$$=\sum_{n=1}^{N/2} f_n^{\text{atom}} \exp[2\pi i(ky)]\{1+\exp[\pi ik]\}$$

{ } 内が k が偶数のとき 2 で奇数のとき 0 となる。

したがって，$(0, k, 0)$ の系列では k が奇数の位置で現れない$(F(hkl)=0)$。

（v）$\vec{b}$ 軸に垂直な鏡映操作を含む映進面があるとき

例えば c 映進面があるときは (x, y, z) と $\left(x, \frac{1}{2}-y, \frac{1}{2}+z\right)$ に同じ原子がある。

$$F(hkl)=\sum_{n=1}^{N/2} f_n^{\text{atom}}\left\{\exp[2\pi i(hx+ky+lz)]+\exp\left[2\pi i\left(hx+\frac{1}{2}k-ky+\frac{1}{2}l+lz\right)\right]\right\}$$

$$=\sum_{n=1}^{N/2} f_n^{\text{atom}}\exp[2\pi i(hx+lz)]\{\exp[2\pi i(ky)]+\exp[2\pi i(-ky)]\exp[\pi i(k+l)]\}$$

で，$F(h\bar{k}l)$ と比べてみるとやはり単斜晶系であることがわかる。

(b) $(h, 0, l)$ での値をみると

$$F(h0l)=\sum_{n=1}^{N/2} f_n^{\text{atom}}\left\{\exp[2\pi i(hx+0y+lz)]+\exp\left[2\pi i\left(hx+\frac{1}{2}0-0y+\frac{1}{2}l+lz\right)\right]\right\}$$

$$=\sum_{n=1}^{N/2} f_n^{\text{atom}}\exp[2\pi i(hx+lz)]\{\exp[2\pi i(0y)]+\exp[2\pi i(-0y)]\exp\pi i(0+l)\}$$

$$=\sum f_n^{\text{atom}}\exp[2\pi i(hx+lz)]\{1+\exp[\pi il]\}$$

これは { } 内で l が偶数のとき 2 で奇数のとき 0。

・以上の 4 種は単斜晶系に分類されていた(表 4-1)ことを確認しておこう。

9-3-3　複合格子の消滅則

・面心格子（F）では (x, y, z)，$\left(x, \frac{1}{2}+y, \frac{1}{2}+z\right)$，$\left(\frac{1}{2}+x, y, \frac{1}{2}+z\right)$

および $\left(\frac{1}{2}+x, \frac{1}{2}+y, z\right)$ に同じ原子

・体心格子（I）では (x, y, z) と $\left(\frac{1}{2}+x, \frac{1}{2}+y, \frac{1}{2}+z\right)$ に同じ原子

・底面心格子（C）では (x, y, z) と $\left(\frac{1}{2}+x, \frac{1}{2}+y, z\right)$ に同じ原子

がそれぞれある。

> **問題**
> 複合格子の消滅則を導け（h, k, l の組み合わせの条件としてまとめる）。
> 面心格子についての結論は，ブラッグ親子の実験の結果としてすでに見ている！

解

（i）手始めに体心格子の場合

(x, y, z) と $\left(\frac{1}{2}+x, \frac{1}{2}+y, \frac{1}{2}+z\right)$ に同じ原子がある。

$F(hkl) = \sum_{n=1}^{N/z} f_n^{\text{atom}} \sum_{j=1}^{Z} \exp[2\pi i(hx_j + ky_j + lz_j)]$ の式の対称操作の部分だけの和を計算する。

$\sum_{j=1}^{Z} \exp[2\pi i(hx_j + ky_j + lz_j)]$

$= \exp[2\pi i(hx + ky + lz)] + \exp\left[2\pi i\left(h\left(\frac{1}{2}+x\right) + k\left(\frac{1}{2}+y\right) + l\left(\frac{1}{2}+z\right)\right)\right]$

$= \exp[2\pi i(hx + ky + lz)](1 + \exp(\pi i(h+k+l)))$

$\exp[\pi i(h+k+i)]$ は $h+k+l$ が偶数なら 1，奇数なら -1

したがって，$h+k+l$ が奇数のとき消滅する。

（ii）次にC底面心格子の場合

(x, y, z) と $\left(\frac{1}{2}+x, \frac{1}{2}+y, z\right)$ に同じ原子がある。

前と同じく，対称操作の部分の和だけを計算する。

$\sum_{j=1}^{Z} \exp[2\pi i(hx_j + ky_j + lz_j)]$

$= \exp[2\pi i(hx + ky + lz)] + \exp\left[2\pi i\left(h\left(\frac{1}{2}+x\right) + k\left(\frac{1}{2}+y\right) + lz\right)\right]$

$= \exp[2\pi i(hx + ky + lz)](1 + \exp[\pi i(h+k)])$

明らかに，$h+k$ が奇数のとき消滅する

（iii）さて，面心格子の場合

(x, y, z), $\left(x, \frac{1}{2}+y, \frac{1}{2}+z\right)$, $\left(\frac{1}{2}+x, y, \frac{1}{2}+z\right)$ および $\left(\frac{1}{2}+x, \frac{1}{2}+y, z\right)$

に同じ原子がある。

対称操作の部分の和は

$\sum_{j=1}^{Z} \exp[2\pi i(hx_j + ky_j + lz_j)]$

$= \exp[2\pi i(hx + ky + lz)] + \exp\left[2\pi i\left(hx + k\left(\frac{1}{2}+y\right) + l\left(\frac{1}{2}+z\right)\right)\right]$

$+ \exp\left[2\pi i\left(h\left(\frac{1}{2}+x\right) + ky + l\left(\frac{1}{2}+z\right)\right)\right] + \exp\left[2\pi i\left(h\left(\frac{1}{2}+x\right) + k\left(\frac{1}{2}+y\right) + lz\right)\right]$

$= \exp[2\pi i(hx + ky + lz)](1 + \exp[\pi i(k+l)] + \exp[\pi i(h+l)] + \exp[\pi i(h+k)])$

$(1 + \exp[\pi i(k+l)] + \exp[\pi i(h+l)] + \exp[\pi i(h+k)])$ 部分の評価は

$k+l$ が偶数のとき：k も l も偶数なら，h が偶数のとき $h+l$ も $h+k$ も偶数

　　　このとき4項の全てが1なので，合計4

　　　h が奇数なら，$h+l$ も $h+k$ も奇数で，合計は0

$k+l$ が偶数のとき：k も l も奇数なら，h が奇数でないと $h+l$ も $h+k$ も偶数にならない。

　　　この全て奇数のとき4項の全てが1なので，やはり合計4

$k+l$ が奇数のとき：k か l のどちらかが偶数で，他方は奇数

　　　このとき h が偶数でも奇数でも $h+l$ と $h+k$ のどちらかが偶数で，他方は奇数

とすると2項が1で他の2項が−1で,合計0

まとめると:面心格子の消滅則
h, k, lの全てが偶数か奇数のときは消滅を免れ(all even or all odd)
それ以外のときは消滅する。
思い返してみると,NaCl結晶の粉末回折パターン上では,指数が全て偶数か奇数の組み合わせだった。
これはNaCl構造が面心立方格子であることを保障している!

[ついでに] ついでにKCl結晶で奇数の指数を持つ反射が消えていたことについて考えておこう。

面心格子(F)では(x, y, z), $\left(x, \frac{1}{2}+y, \frac{1}{2}+z\right)$, $\left(\frac{1}{2}+x, y, \frac{1}{2}+z\right)$

および$\left(\frac{1}{2}+x, \frac{1}{2}+y, z\right)$に同じ原子があるが

NaClでも同じで,Naを原点$(0, 0, 0)$に,Clを$\left(0, \frac{1}{2}, 0\right)$に置くことにする。

$4f^{Na} \exp[2\pi i(hx+ky+lz)] + 4f^{Cl} \exp[2\pi i(hx+ky+lz)]$
$= 4f^{Na} \times 1 + 4f^{Cl} \times \exp[k\pi i]$

これは,k evenで$4f^{Na}+4f^{Cl}$ oddで$4f^{Na}-4f^{Cl}$となる。
KClではf^Kとf^{Cl}がほぼ等しい

なお,NaClの場合に奇数反射の強度が小さかったこともこれでわかる。偶数項では和が強度として現われるのに,奇数項では差になっているからだ。

【7章で紹介した「たたみ込み」が結晶学で意味するところ】
結晶内の電子密度分布の関数$\rho(r)$のフーリエ変換が構造因子として現れることを見た。
実際に測定できるのは回折強度なので,これはその振幅である構造因子の2乗に比例した値である。
関数$f_1(t)$と$f_2(t)$のフーリエ変換をそれぞれ$F_1(k)$および$F_2(k)$としたとき,$f_1(t)$と$f_2(t)$の合成積として定義された。

$$f_1(t) * f_2(t) = \int_{-\infty}^{\infty} f_1(x) f_2(t-x) dx$$

のフーリエ変換が

$$F_1(k) F_2(k) \left(\int_{-\infty}^{\infty} [f_1(t) * f_2(t)] e^{ikt} dt = F_1(k) F_2(k) \right)$$

であった。
回折強度は$F_1(k)$と$F_2(k)$が実数関数で等しい場合で,$F_1(k)F_2(k)$に比例したものと考えられ,この逆フーリエ変化は$f_1(t)$と$f_2(t)$が同じ電子密度関数で

$$f_1(t) * f_2(t) = \int_{-\infty}^{\infty} f_1(x) f_2(t-x) dx$$

に比例したものを与えることになる。これはtだけ離れた2点間の電子密度を，格子全体にわたって足し合わせたものになる。この合成図のtの位置にピークが現れれば，それはこの間隔（方向も含めて）を持つ原子の関係があることを示す。例えば，対称心で関係づけられた2点は$(2x, 2y, 2x)$の位置にピークを示してくれるので，その原子は(x, y, z)の位置にあることがわかる。この計算は回折波についても電子密度についても，位相を問題にしないで行える。これがパターソン法と呼ばれる解析の基礎である。

【質問コーナー】

質問1 再び，「centric」と「acentric」の区別どうしてするの。

答 回折強度と対称性との関係から，消滅則では絞りきれない空間群に対しての有益な情報を与えてくれる。硫黄よりも重い原子があると，対称心のない空間群の場合にフリーデル則からのずれが大きく生じる。そのときも，精密に測定した等価反射を注意深く比べて，いくつかの組み合わせではよいが全てではないというようにして正しい等価性示すことができる。しかし，吸収の効果が大きくて，他の非等価性の元を探さなくてはならない場合もある。

平均の回折強度は単位格子内に何があるかで決まり，どこにあるかにはよらない。しかしこの平均に対する個々の強度分布に対して，この逆は真ではない。Wilsonおよびその他の研究者が，非中心対称結晶は中心対称な結晶よりも回折強度をその平均の近くに集めることを示している。そしてそれらの理論的な予測との比較がなされている。この比較には規格化構造因子Eが使われる（本書では扱わない）。

両者の分布曲線を比べる方法がある（Howells, Phillips, and Rogers）。これは消滅則による反射を除いて，平均強度の特定の割合より小さい反射の数を$N(Z)$として，Zに対してプロットする（図9-5）。

解析ソフト上では表2-3のような数表で示されているだろう。

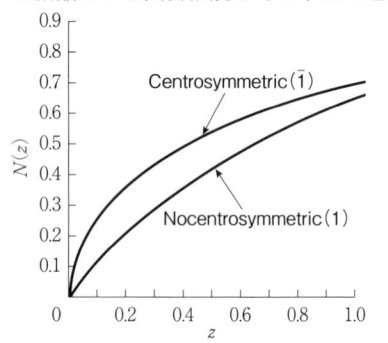

図9-5 X線回折強度の分布図
$N(Z)$は強度Iの$I/\langle I \rangle$がZより小さい反射の割合

Wilson, A. J. C., *Acta Cryst.*, **2**, 318 (1949).
Howells, E. R., Phillips, D. C., and Rogers, D., *Acta Cryst.*, **3**, 210 (1950).

質問2 どのピークが特定の原子に対応してますか？

答 よくある質問ですが，回折現象を理解していただけるとすぐにわかります。構造因子のところで見たように，どの原子も皆，全ての回折に関与しています。違いは原子散乱因子の大きさだけです。したがって，特定の原子が特定の回折斑点と結びつくことはないのです。

ところで，重原子は大きな回折能を持っています。また，高角度側まで原子散乱因子は大きな値を持ちます。そこで高角度側の回折強度は重原子の寄与が大きいことが分かります。また，低角度側でも強度の濃淡をはっきりさせる効果を持ちます。そのため，重原子の入った化合物，金属錯体の回折データは，Cu $K\alpha$線のように強度のあるX線を使わなくても，Mo

$K\alpha$ 線で十分に集めることができるのです。こういう意味で，重原子の存在の有無は，回折斑点の全体像から判断することはできるでしょう。

　こうした質問を受けるたびに思い出すのは，オーストラリアに滞在して鉛を含む化合物の仕事をしていたときのことです。当時，私が成長させた結晶を留学先の Allan White 教授が回折データを測定することになりました（彼は回折装置の扱いは見せてはくれるが他人にはいじらせないタイプの研究者です）。私が「鉛が入っているかどうか化合物の色からも判断できないし，自信がないな」というと，回折写真を事前にとったのだったかどうかは忘れたが，そんなものを見せながら「大丈夫。ここに（低角度側の部分）ディフューズが見える。吸収の大きな原子が入っている証拠だ！」と言ったのです。特定の反射ではなく，ぼやっと広がった領域がある種の原子の存在を示していたという訳です。そして解析の結果はそのとおりでした。

[休憩室] 回文の音楽版

　バッハの「音楽の捧げもの」にある第 2 曲「王の主題による各種のカノン」の第 1 曲は，第 1 バイオリンと第 2 バイオリンが互いに対称的に作られていることで知られる。下のスコアで味わってみて下さい。

10 X線回折実験
―データ測定・空間群の決定・データの評価

結晶格子によってX線は位相の合った方向にだけ回折する。

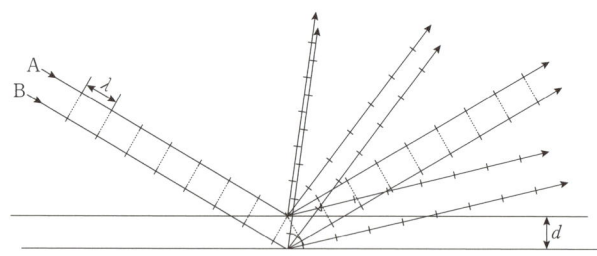

図 10-1　反射方向は位相の合わない方向では互いに打ち消し合う

10-1 実験に用いる回折条件

10-1-1 ブラッグの条件という表現

ブラッグの条件（Bragg condition）は面間隔に対する条件なので，光路差が波長の整数倍なら成立する。

ブラッグの条件，$2d\sin\theta = n\lambda$ を書き換えると

$$\sin\theta = \frac{d^*/2}{1/\lambda}$$

ただし，$n=1$ で d^* は逆格子の面間隔で $|\vec{h}| = d^*$ である。

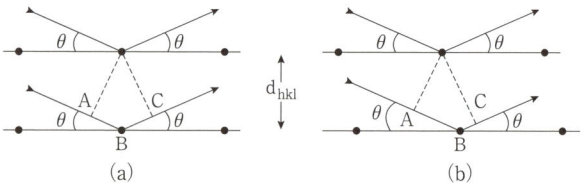

図 10-2　ブラッグの条件
(a) 直交する格子点列による場合で AB = BC での AB + BC = $d_{hkl} \sin\theta$ の場合。(b) 一般的な場合で，やはり AB + BC = $d_{hkl} \sin\theta$ になっている。

10-1-2 エワルドの条件という表現 [Laueの考え方 vs Ewaldの考え方]

(1) ラウエの考え方

結晶格子による電磁波の回折条件はまずラウエによって与えられた。それをX線の波長の逆数を半径とする円内で図解すると図10-3になる。結晶はKの位置にあり，Lが回折平面を表す。入射ベクトルは負号をつけて入射X線のくる方向を向けることになり，回折ベクトルは結晶から回折面とθの角をなす方向に出ていくが，これを入射ベクトルの先端に移動させる。この2つのベクトルを合成して回折ベクトル$\vec{S}$を得る。

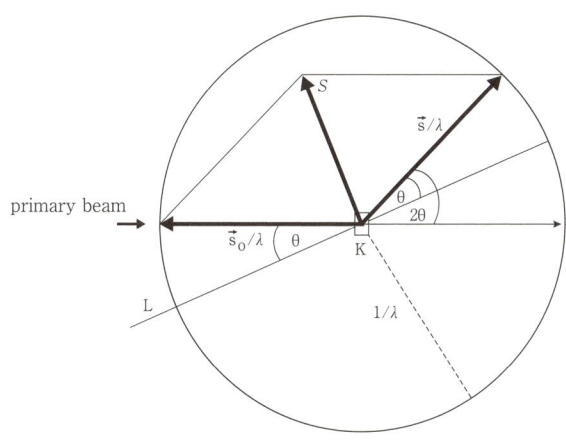

図 10-3 ラウエの条件

(2) エワルドの考え方

これに対してエワルドは結晶を中心とした半径$1/\lambda$の球を考え，逆格子の原点を，この円の入射X線の先端との交点に置いた（図10-4）。こうすると回折ベクトルの先端が散乱ベクトルの先端に一致する。そう

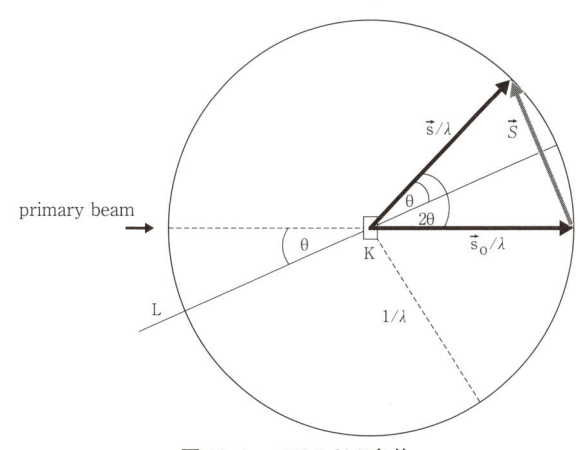

図 10-4 エワルドの条件

(Peter Luger, "Modern X-Ray Analysis on Single Crystals", Walter de Gruyter（1980））

して，この原点の周りの逆格子点がエワルド球と重なったときが回折の生じることになることがわかる。

ここに描かれた円は3次元表示では球となり，この球をエワルド球と呼ぶ。

この図で $\sin\theta = \dfrac{d^*/2}{1/\lambda}$ と $|\vec{S}| = d^*$ がわかりやすくなっている。

10-1-3　限界球

エワルドの考え方は，結晶を回転させることがエワルド球をこの原点の周りで動かすことに相当する。エワルド球の移動できる範囲が，使用するX線の波長によって測定できる範囲で，それは半径が $2/\lambda$ の球体内に限られることがわかる。この球を限界球（limiting sphere）と呼ぶ（図10-5）。

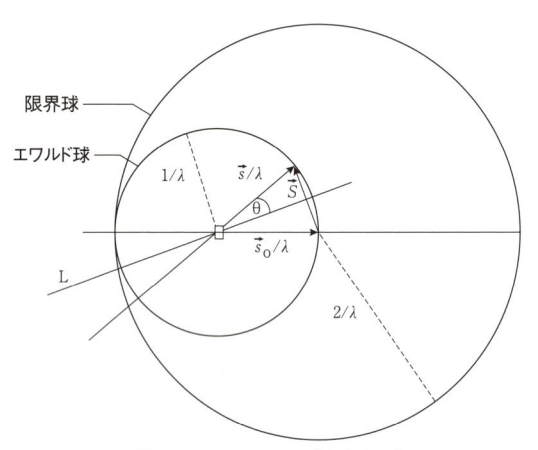

図10-5　エワルド球と限界球

10-2　逆格子の配列と回折図形

逆格子点は，入射X線の方向に対して平行に並んだ面状に並ぶように結晶の向きを調製できる。これを「軸立て」と呼んで，大昔はちょっと手間のかかる作業だった。このとき結晶を入射X線に対して垂直な図10-6のz軸の周りで回転させながら回折像を観察すると，図10-7のように，適当な回転角で面をなす逆格子点がエワルド球に乗って回折条件を満たす。赤道面内の逆格子点は一列に並んだ回折斑点を与え，その他の面もそれぞれが赤道面から一定の距離に一列の回折斑点を与える（図10-8）。この層間の距離は，図10-7の関係で，実際の格子の面間隔と結びつけられる。

特定の層をスクリーンを入れて選び出して，その一連の回折像を撮ることができる（ワイセンベルグ法）。

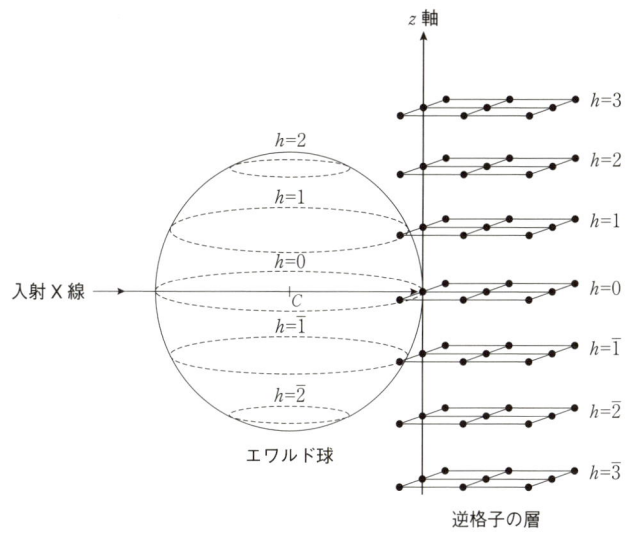

10 X線回折実験—データ測定・空間群の決定・データの評価　　105

図 10-6　エワルド球に対して並んだ逆格子点

＊　図 10-7〜10-9 は M. F. C. Ladd & R. A. Palmer, "Structure Determination by X-Ray Crystallography", Plenum (1978). による。

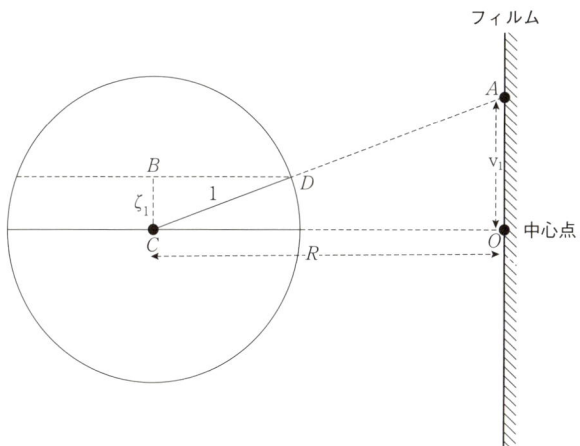

図 10-7　エワルドの条件にしたがって逆格子の層を描いた図

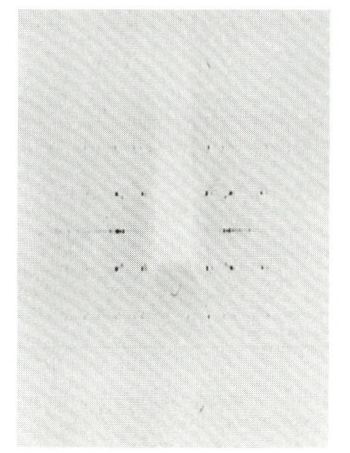

図 10-8　「軸立て」をして，結晶をその軸の周りで振動させて得られる振動写真の例
（中央の 0 層線に対して上下に対称性が見られるのは，ここでの z 軸方向の結晶軸に対して他の 2 つの結晶軸が直交していることを示している）

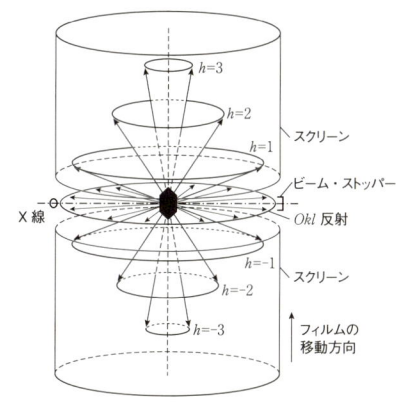

図 10-9　ワイセンベルグ法の原理

10-3　回折データの収集

10-3-1　結晶を選んで回折装置にセットする

単結晶X線構造解析で最も重要なところは，きれいな，ひびがあったり余分な微結晶が付いていない結晶を選ぶことである。利用できるX線の強度も上がってきているので，使う結晶は 0.1 mm 角でも十分なことが多くなってきた。特に第3周期以降の重原子を含む化合物なら，よほど大きな単位格子を持たない限り測定できるだろう。

選んだ結晶は通常，ガラスの棒の先端に接着する。ガラス棒は測定装置に装着するためのゴニオメータヘッド*上に載せるための金属棒に取り付ける。結晶が空気中で不安定な場合は，ガラスキャピラリ中に吸い上げて固定した上で封じたり，ガラス棒に接着後に接着剤でくるんでしまうなどの方法がある。

*アークレス型（下図）

（結晶の位置を調整できるように，高さと回転中心を合わせる調整機構を持つ器具）

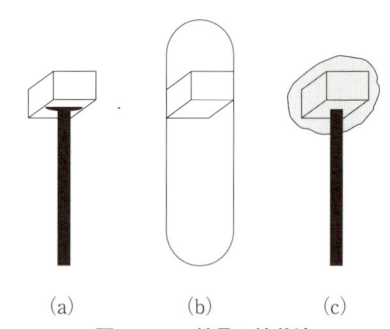

図 10-10　結晶の接着法
(a)　ガラス棒の先端に結晶を接着する
(b)　ガラスキャピラリ内に固定して封じる
　　（結晶溶媒を封入することもできる）
(c)　ガラス棒の先端に固定して，接着剤で結晶をくるむ

10-3-2　予備測定（格子の選択）の後，自動で測定する

適当な条件（装置にデフォルトで設定してある）で2〜3枚の振動写真を測定すると，装置附属のソフトが自動的に装着された結晶の単位格子の大きさ（3軸の長さ，軸間の角度，格子体積）と大まかな対称性を見つけ出す。これができなかった場合は結晶を取り替えて実施するのが早道。他に結晶の選択肢がない場合は，専門家を呼んで考えられる対処法を提示してもらうこともできるかもしれない。

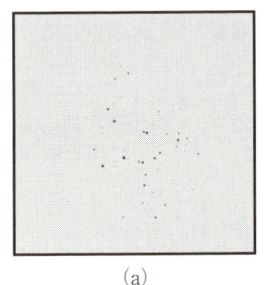

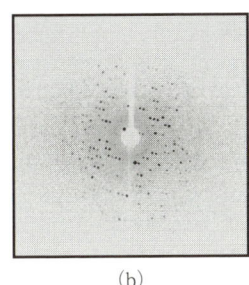

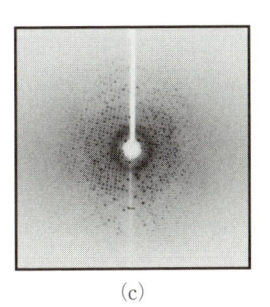

(a)　　　　　　　　(b)　　　　　　　　(c)
図 10-11　ある条件下での 2 次元検出器に映し出された回折像

　上の図は適当にセットされた結晶を，(a) 結晶を固定したままで，(b) 1つの軸の周りで5°だけ回転振動させて，(c) 同じ軸の周りで30°の回転振動させて撮影した回折像である．結晶を回転させると，エワルドの条件を次々と逆格子点が満たしていくことがわかる．

10-3-3　補正のためのデータを取得しておく

　回折データの補正についての詳細は後程触れるが，測定した結晶について，装置上にあるうちにしておく必要があるものに，吸収補正のための結晶の外形を測定することがある．吸収補正は等価反射間の差を使った経験的な方法もとれるが，第4周期以上の重原子を含む場合にはより精度よく補正を施すために必要な処理である．

　大昔は結晶の外形を顕微鏡観察して，外形に現れる面のミラー指数を推定した．オーストラリア留学中に共同研究者として仕事をしてきたBrian Skelton はその名手で，我々の解析した鉛を含む化合物の吸収補正に対して，非常に微妙な指数付をして解析制度を上げられたと話していた．

　現代では，CCD カメラに映った結晶の外形をトレースするだけで，立体的な結晶像を得るソフトが普通になってきた．

10-4　結晶構造を解く

　結晶構造を解くための解析ソフトも充実しているが，大まかな手順を紹介する．

10-4-1　空間群の決定

　まず，結晶のデータを解析ソフトに載せると，空間群の決定をしてくれる．
　解析ソフトは

- 回折パターンの情報から晶系を見つける
- 消滅則を利用して空間群を絞り込む（ほとんど自動的に選択されるが，確認が必要）

場合によっては，ここで複数の選択肢が示されるが，その時の判断基準は次のようである：

- 分子構造についての情報を利用する

1) 分子がキラルかアキラルかは，「centric」な空間群を選んでよいかどうかを決める判断材料になる。キラルな分子は「centric」な空間群を取りえない。ただしアキラルな分子でも「acentric」な結晶格子を組むことはある。

2) 分子量と密度から独立な分子数を特定すると，単位格子内の分子数と対称操作の数の関係から空間群を絞り込むことができる。分子に対称性が考えられる場合は，その対称要素を含む空間群が選択肢になることもある。

10-4-2 構造を解く

ここで解くのは結晶格子内の電子密度分布（$\rho(xyz)$）である。どうして「解く」という手順が必要かというと，電子密度分布とそのフーリエ変換して得られるフーリエ係数（$F(hkl)$）とは直接互いに変換可能であるが，我々が測定によって得ることができるのは回折強度で，回折強度は $F(hkl)$ の二乗に比例したものだからだ。ここから得られる情報は $F(hkl)$ の大きさしかなく，位相情報が消されている。その位相情報を取り戻すことが「構造を解く」ということにほかならない。

$$\begin{array}{ccc} F(hkl) & \Leftrightarrow & \rho(xyz) \\ \Downarrow & & \Downarrow \\ |F(hkl)|^2 & \Leftrightarrow & P(uvw) \end{array}$$

フーリエ変換と逆変換を思い出すと，（$F(hkl)$）の二乗の関数からそのフーリエ変換が「たたみこみ」になるという関係があったことを思い出せる。この関数を $P(uvw)$ とおくと，これらの間には右のような関係がある。

下段の関数から上段の関数を得るためには，位相問題を解決しなくてはならない。

関数 $P(uvw)$ を使って位相問題を解く方法がパターソン法と呼ばれる方法で，回折強度から直接統計的な手法で求める方法が直接法と呼ばれる方法である。後者の方法には特に次の値が重要な役割を持つ。

10-4-3 $F(000)$ の意味

$F(hkl)$ は（hkl）で示される方向への回折振幅である。
$F(000)$ はしたがって（000）方向への回折によるものだ。

(000) は全ての回折波の位相がそろった方向である。
(エワルドの条件から，入射と回折の $\vec{s}_0/\lambda$ と $\vec{s}/\lambda$ が一致したところである。)

したがって，$F(000) = \sum f_{\text{atom}}(000)$ である。

この $F(000)$ の値はフーリエ合成図の基準値を決める重要な値である。

> **問題**
> - NaCl 結晶の $F(000)$ の値を求めよ
> - ダイヤモンドの結晶での $F(000)$ の値を求めよ
>   （ヒント：ダイヤモンド格子は二重の面心格子である）
>
> **解** $F(000) = \sum_{n=1}^{N} f_n^{\text{atom}} \exp 2\pi i (0x_n + 0y_n + 0z_n) = \sum_{n=1}^{N} f_n^{\text{atom}}$ で，f_n^{atom} の $\sin\theta/\lambda = 0$ での値の総和である。総和は格子内の全原子についてなので NaCl の 4 組分が NaCl 結晶の $F(000)$ の値となる。
> NaCl について　$F(000) = 4 \times (11 + 17) = 112$
> ダイヤモンドについては $Z = 8$ なので
> 　　$F(000) = 8 \times 6 = 48$

10-5 構造決定の例（構造因子の意味）

10-5-1　1 次元データで見るフーリエ合成

1 次元のデータによるイメージを作るための例がある。図 10-12 は直鎖のアルキル基と臭素という原子番号の大きな原子の組み合わせの構造だ。この長い c 軸方向，$(00l)$ 反射の回折相対強度は表 10-1 のようになる。この結晶は対称心を持ち，空間群は $P\bar{1}$ である。したがって 9 章の「対称心のある場合」の議論から，各反射の位相は正か負のいずれかに決まる。最終的に決められた位相も表中に記してある。

この構造は次のようにして c 軸方向の並びを決めることができる。それぞれの反射は図 10-13 に示した波として表現される。そこで各反射の位相を適当に決めて（正か負かでよい！）*足し合わせて，c 軸方向の配列を眺める。例えば図 10-14 のようなものを得ることができる。ここで中央の例は，左右に Br 原子を思わせる大きなピークと，炭素鎖の繰り

*9-3-2 項で見てきたことだ。

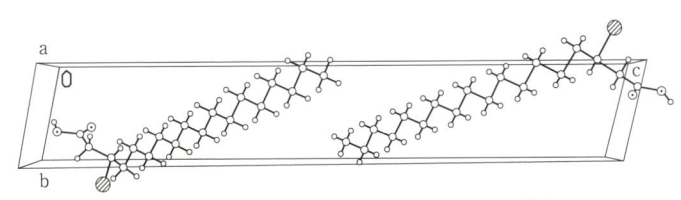

図 10-12　3-ブロモオクタデカン酸の結晶構造
Oxford Chemistry Primers, 'Crystal Structure Determination', William Clegg, Oxford (2004).

表 10-1 3-ブロモオクタデカン酸の (00*l*) 反射に対する観察された強度と決まった位相

指数	|F(00*l*)|の測定値	正しい符号	指数	|F(00*l*)|の測定値	正しい符号
3	5.8	+	12	11.8	+
4	45.2	−	13	6.2	−
5	39.2	−	14	18.2	−
6	52.6	−	15	21.8	−
7	10.6	−	16	16.2	−
8	3.8	+	17	8.2	−
9	32.2	+	18	10.0	+
10	31.8	+	19	14.4	+
11	30.4	+	20	23.4	+
			21	44.6	+

図 10-13 (00*l*) 反射の指数と相対強度の波としての表現

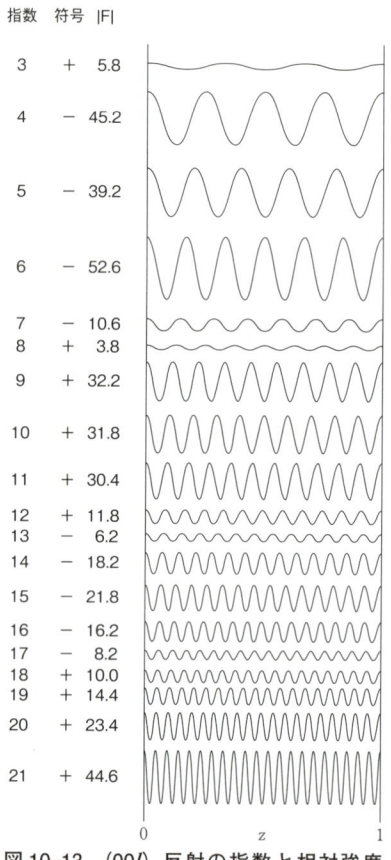

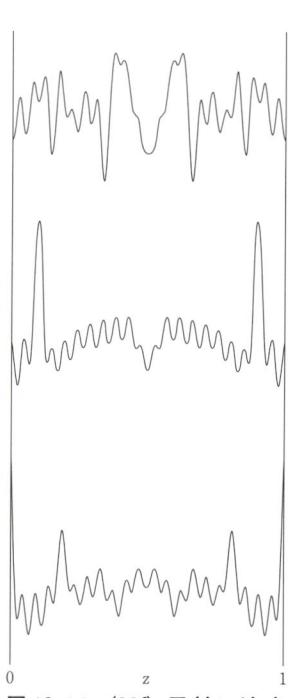

図 10-14 (00*l*) 反射に適当な位相をつけて「合成」した電子密度分布

返しを思わせる配列を見せて，正しい構造を示していることを暗示する．直接法と言われる解析方法はこのような手順で構造を決めていくことになる（実際の直接法では，いくつかの反射の位相を与えて，他の反射の位相を統計的に強度との関係で探し出す）．

10–5–2 2次元データ

1次元データでは，投影図的なものが見えるだけで，分子の構造と直接結びつけることができないかもしれない。2次元では，例えばベンゼン環のようなものがどのようにして浮かび上がってくるのかを示すことができる。講義では書画カメラを使って波の重ね合わせを見せるのだが，ここでは単純な波の重ね合わせで見てもらおう。

① 平面波：特定の方向に周期軸を持つ波として下の図のように表現する。

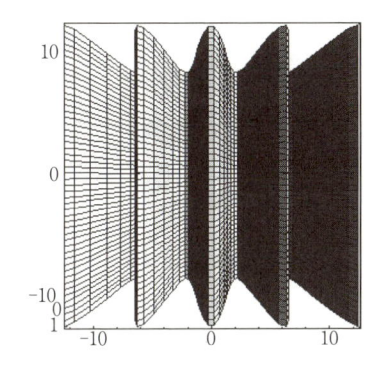

② グラファイトに見立てた六角形の集まった配列に平面波を割り当てる（電子密度の高い所と低い所の平均的な分布に合わせる）

例として，下図の [1]，[2] および [3] の平面波の割り当てが見えるだろう（フーリエ解析）。

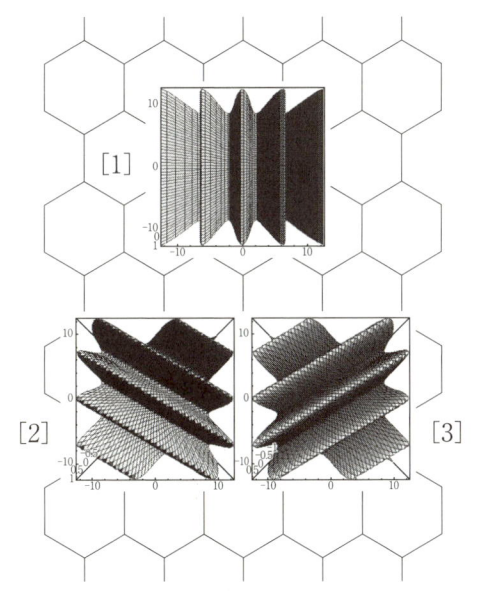

③ 分けられた波の再合成（フーリエ合成）

平面波を重ね合わせていくと，元の電子密度分布を再現できる。（本来は針金状の線の集まりではなく，ふくらみのある電子密度が構成される。）

[2] + [3] の合成波 [4]

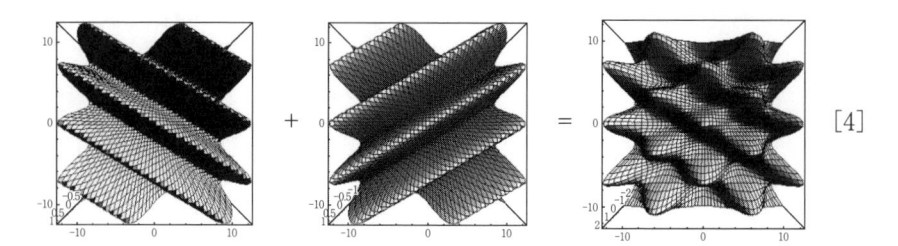

さらに [1] も足すと [5] ができる。

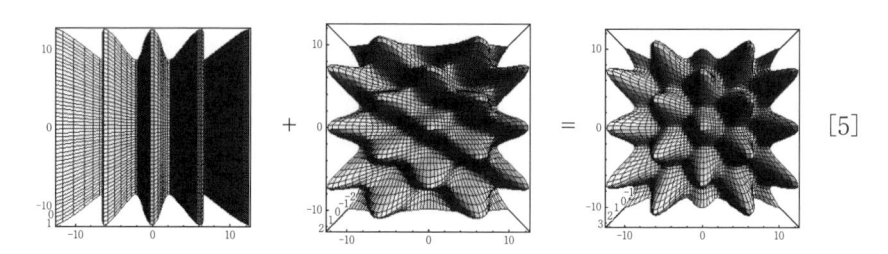

解析された波の一部を使っただけでは正しい電子密度を再現できない。（もとの分布にはなかった偽のピークが現れることもある。）

電子密度分布はさらにいろいろな方向および周期を持った波が隠れている。

右図の [A] のような長い周期の波も見出すことができる。

図形の対称性から，やはりこの波も三方向に存在することは容易にわかる。

その3つのパターンの組み合わせは下の [B] になる。

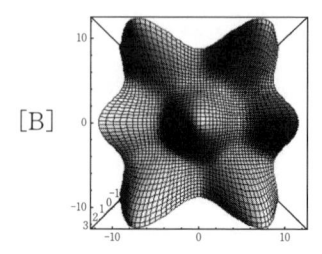

④ 位相の決定

波の重ね合わせをするときに，その山の位置をどこにするのかを決める必要がある（位相を決める）。

［5］の波と［B］の波を重ね合わせを次のようにすると［5］に生じていた中央の偽ピークを消すことができる。［6］

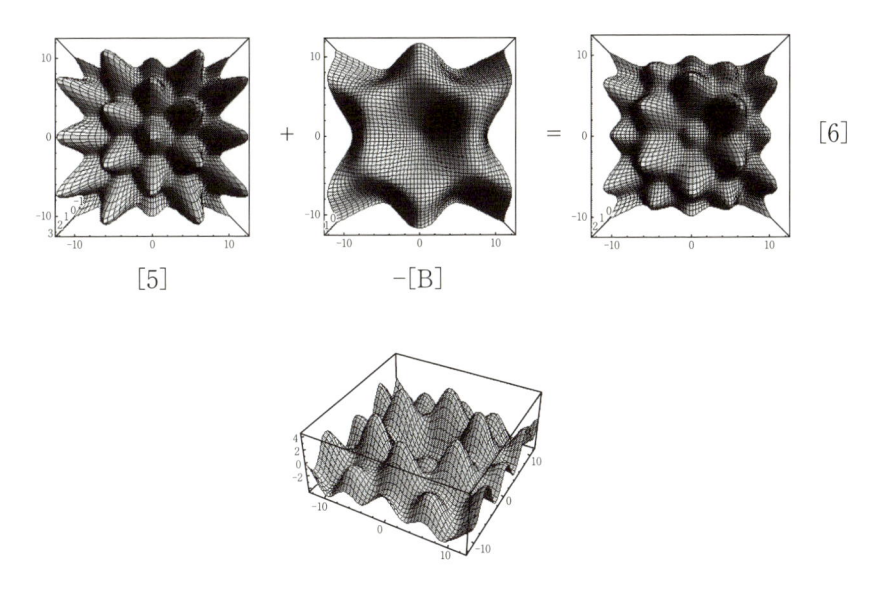

［5］ + −［B］ = ［6］

この立体的な鳥瞰図は上の図のようである。

> **コラム　結晶構造データの集積**
>
> 　結晶学の手法で決められた分子や結晶の構造は毎年のように数を増し、2003年の時点では、無機・有機化合物で30万ほど、タンパク質で2万ほどであった。そのうち主として有機化合物のデータを集めているCSD（Cambridge Structural Database）の収録数が2009年に50万件を超えた。この記念すべき（？）50万番目の化合物はActa Crystallographica, C65, o460-o464, 2009に掲載されている。そして2013年に68万7千件を超え、昨年3月には70万件を超えたと発表された。結晶構造解析をする人口の増加と装置の普及によって、10年間でそれ以前のデータ数を超えている。

11 X線結晶構造解析の実際
―思わぬハプニング・低温実験でのトラブル（思いつくままに）

11-1 通常は結晶をキチンと選べばトラブルは起きない

11-1-1　グラニュー糖の構造解析

簡単な例として，グラニュー糖の構造解析を取り上げよう。

グラニュー糖として販売されているパックシュガーは，ショ糖あるいはスクロース（$C_{12}H_{22}O_{11}$）の高純度結晶だ。

(1) 結晶の選択と取り付け

グラニュー糖は袋から取り出して，そのまま測定に使える結晶を選べる。

シャーレにとる 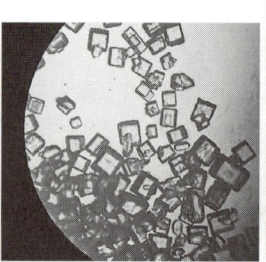 　　　　　　　実体顕微鏡で眺める

① 結晶を顕微鏡で眺めて選び
② 金属棒につけたガラス棒の先に接着する

ガラス棒先端に接着した結晶

図 11-1

(2) 回折装置に結晶をのせる

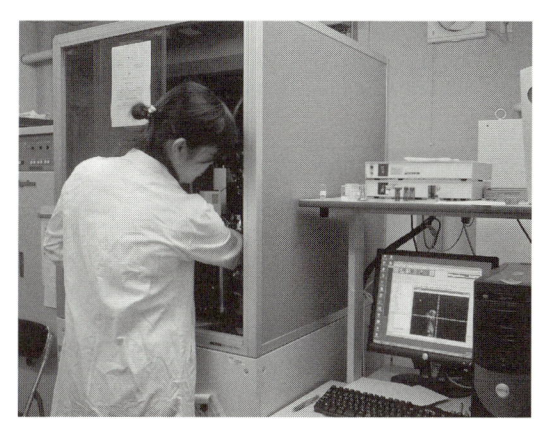

図 11-2

ディスプレーを見ながら，結晶を装置の中心に設定する。

(3) 回折像をとる

結晶格子とその方位を決めるためのデータをとる。

このデータをもとにして，完全なデータセットを収集する。

ここでは Mo Kα 線を使って測定したので，グラニュー糖では吸収補正の必要がなく，吸収補正のためのデータはとらない。

(4) 解析用ソフトを利用して構造を得る

ここで空間群のもつ情報を検討しておく。

この結晶の回折データは，空間群が $P2_1$ であることを示していた。これは International Tables for Crystallography, Volume A によると，左ページに図 11-3 の表示がある。

これは c 軸を 2_1 軸にとった表示であり，次のページには左ページに図 11-4 のような表示がある。

$P2_1$ C_2^2 2   Monoclinic

No. 4 $P112_1$ Patterson symmetry $P112/m$

UNIQUE AXIS c

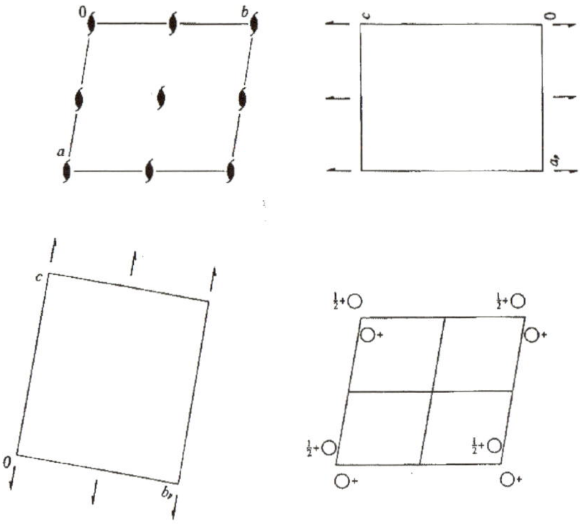

Origin on 2_1

Asymmetric unit $0 \le x \le \tfrac{1}{2}$; $0 \le y \le 1$; $0 \le z \le 1$

Symmetry operations

(1) 1   (2) $2(0,0,\tfrac{1}{2})$ $0,0,z$

図 11-3　空間群 $P2_1$ についての表記（1）

$P2_1$ C_2^2 2   Monoclinic

No. 4 $P12_11$ Patterson symmetry $P12/m1$

UNIQUE AXIS b

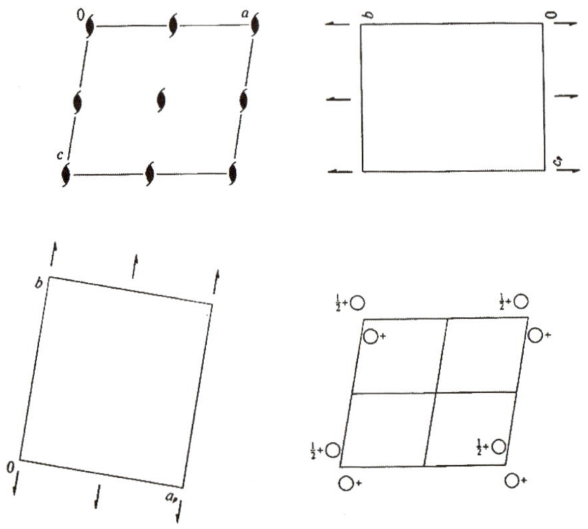

Origin on 2_1

Asymmetric unit $0 \le x \le 1$; $0 \le y \le 1$; $0 \le z \le \tfrac{1}{2}$

Symmetry operations

(1) 1   (2) $2(0,\tfrac{1}{2},0)$ $0,y,0$

図 11-4　空間群 $P2_1$ についての表記（2）

```
Generators selected  (1); t(1,0,0); t(0,1,0); t(0,0,1); (2)
```

Positions

Multiplicity,   Coordinates   Reflection conditions
Wyckoff letter,
Site symmetry   General:

2   a   1   (1) x,y,z (2) $\bar{x}, y+\frac{1}{2}, \bar{z}$ $0k0: k=2n$

Symmetry of special projections

Along [001] $p1g1$ Along [100] $p11g$ Along [010] $p2$
$\mathbf{a}' = \mathbf{a}_p$ $\mathbf{b}' = \mathbf{b}$ $\mathbf{a}' = \mathbf{b}$ $\mathbf{b}' = \mathbf{c}_p$ $\mathbf{a}' = \mathbf{c}$ $\mathbf{b}' = \mathbf{a}$
Origin at $0,0,z$ Origin at $x,0,0$ Origin at $0,y,0$

Maximal non-isomorphic subgroups
I   [2] $P1(1)$ 1
IIa   none
IIb   none

Maximal isomorphic subgroups of lowest index
IIc   [2] $P12_11$ ($\mathbf{c}' = 2\mathbf{c}$ or $\mathbf{a}' = 2\mathbf{a}$ or $\mathbf{a}' = \mathbf{a}+\mathbf{c}, \mathbf{c}' = -\mathbf{a}+\mathbf{c}$) ($P2_1$, 4); [3] $P12_11$ ($\mathbf{b}' = 3\mathbf{b}$) ($P2_1$, 4)

Minimal non-isomorphic supergroups
I   [2] $P2_1/m$ (11); [2] $P2_1/c$ (14); [2] $P222_1$ (17); [2] $P2_12_12$ (18); [2] $P2_12_12_1$ (19); [2] $C222_1$ (20); [2] $Pmc2_1$ (26); [2] $Pca2_1$ (29); [2] $Pmn2_1$ (31); [2] $Pna2_1$ (33); [2] $Cmc2_1$ (36); [2] $P4_1$ (76); [2] $P4_3$ (78); [3] $P6_1$ (169); [3] $P6_5$ (170); [3] $P6_3$ (173)
II   [2] $C121$ ($C2$, 5); [2] $A121$ ($C2$, 5); [2] $I121$ ($C2$, 5); [2] $P121$ ($\mathbf{b}' = \frac{1}{2}\mathbf{b}$) ($P2$, 3)

図 11-5　空間群 $P2_1$ についての表記（3）

通常の単斜晶系の軸のとり方である，b 軸を 2_1 軸としたときの表示になっている．

図 11-4 の左上は，主軸に対して平行に格子を眺めたときの対称要素の配列が示されている．この図の右側と下側の図は，初めの図と合わせて 3 面図として，対称要素の配列が示される．右下の図は，○で示された格子内の成分が，格子の対称性にしたがって配列する様子を，周囲の格子に及んだ表示がされている．

International Tables では，この右ページに図 11-5 の表がある．

このページでは上のほうに，Positions としてあるところを見ておこう．この場合 1 種しかなく，左から

　　2　　a　　1　　(1) x, y, z　　(2) $\bar{x}, y+½, \bar{z}$　　$0\,k\,0 : k = 2n$
　　①　　②　　③　　　　　　　④　　　　　　　　　⑤

と並んでいるが，それぞれ ① 格子内の等価な点の数，② a から順に格子内の位置の区別（この場合 1 種類しかない），③ その点が持つ対称要素（1 なので 1 回対称），④ (1) に示した座標を持つ成分が，それ以降の等価であることを示す位置座標の組，⑤ この座標にある成分が示す消滅則，が順に記されている．

以上からグラニュー糖の決められた格子は acentric であり，結晶は polar でもあることがわかり，実際に予想されるものと矛盾はない．

そこで，適当な解析ソフトを用いて 1 次解を得る．

(5) 構造の精密化

ここまででは水素原子までは決められていないのが普通である．立体

構造から水素原子の位置は計算によって求めることができる場合が多いが，水酸基の水素などは一義的に位置を決められない。精密化を進めて，差フーリエ合成から求めることができる場合もある。

(6) いろいろな図の作成やデータの解釈

分子構造を示したり（図11-6），結晶内でのパッキングの様子を示した図を作成する（図11-7）。さらに結合距離や結合角の大きさをまとめることも重要である。

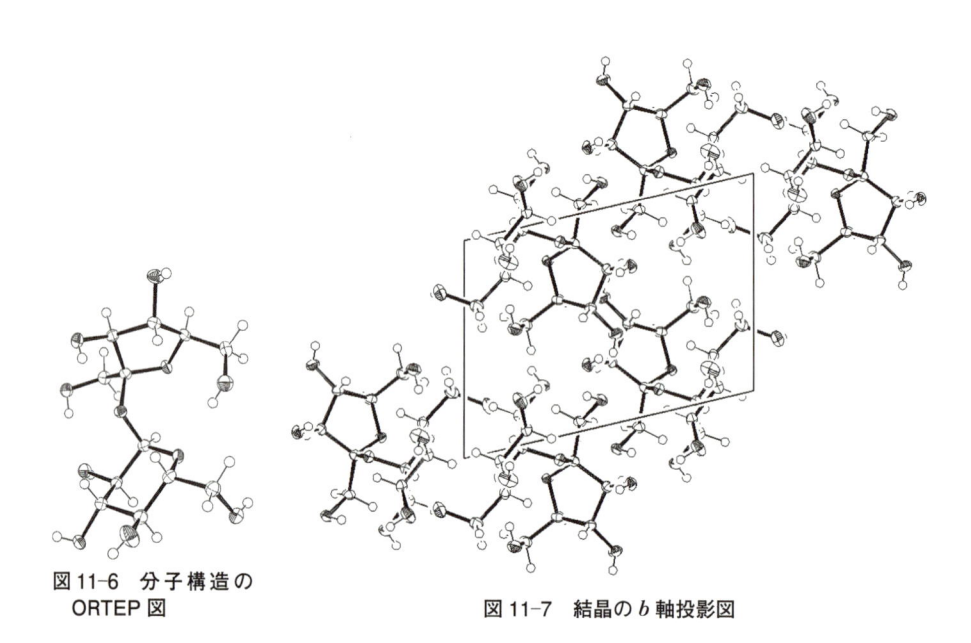

図 11-6　分子構造の ORTEP 図

図 11-7　結晶の b 軸投影図

11-1-2　トラブル

(1) 氷まみれの結晶

低温での測定では，湿度が問題になる場合もある。測定時間も短縮されるようになってきたので，あまり遭遇することはなくなったが，ときおり測定中に図11-8のようになってしまう結晶がある。

それでも氷の結晶は方位を異にしているので，精密な測定を期待しているのでなければ，データは図11-9のようで大きな問題はない（中央部分が少し黒味を帯びて，バックグラウンドが上がったことを示している）。

図 11-8　氷まみれの結晶

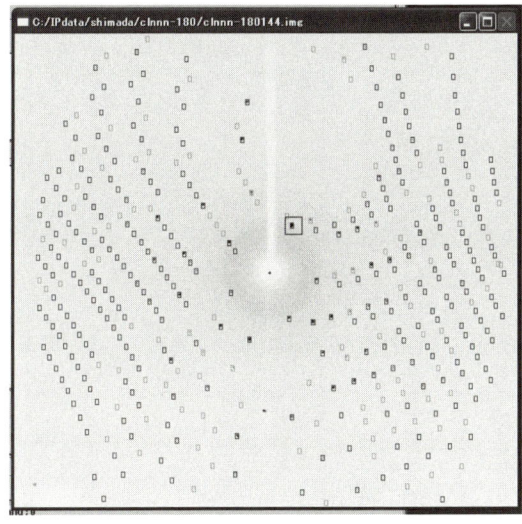

図11-9 氷まみれの結晶での回折像

(2) 粉末化した結晶

それとは違って問題なのは回折像が同心円状のリングを示す場合だ。

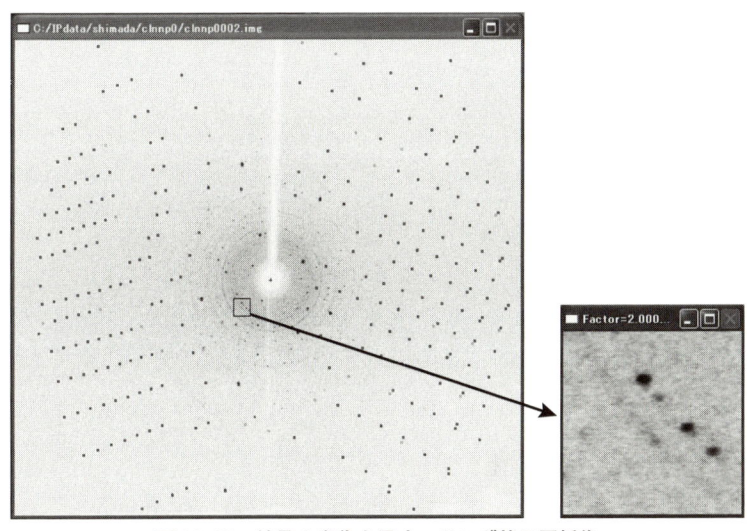

図11-10 結晶の劣化を示す。リング状の回折像

これは結晶が壊れて粉末化していることを示している。

11-2 補　　正

11-2-1　ローレンツ因子と偏光因子

Lp補正と呼ばれる補正が，回折データには施されている。実際上，測定者は何も考えなくとも回折測定を行う装置上のプログラムが行ってくれているので心配することはないが，その内容は知っておいたほうが

よいだろう。

ローレンツ因子（Lorentz factor）は，測定時に結晶を振動させるが，逆格子点がエワルド球のどの位置で交わるかで走査に要する時間が異なることによる（図 11-11）。

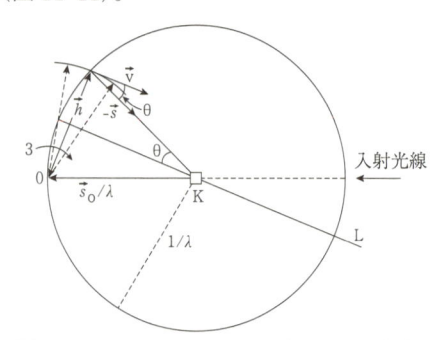

図 11-11　ローレンツ因子の違いを示す模式図

偏光因子（polarization factor）は，例えばレーザーポインターの光をタイル張りの床だとか，黒塗りの実験台に照射して生じる反射光を壁に映してみる。この時レーザーポインターを 90° 回して反射の具合を比べると，明るさが異なることがある。これは反射させる角度によっても異なる。レーザーポインターの光はある程度偏光になっているので，反射光にその程度の違いが現れたものだ。結晶面でのこの効果を補正するのが偏光因子である（図 11-12）。

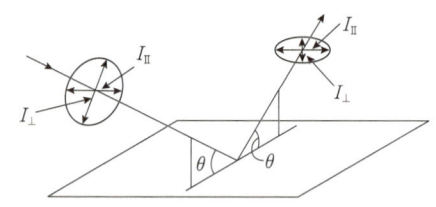

図 11-12　反射によって生じる部分的な偏光

11-2-2　吸収補正

これには測定データから求める経験的方法と外形から数値計算で求める方法がある。

(1)　結晶の外形の測定

測定装置の付属のソフトを用いて，いくつかの方向から見た結晶の投影図から結晶の外形を推定する（図 11-13）。

(2)　X 線の波長と吸収係数

原子は核外電子を放出するに等しいかそれ以上のエネルギーをよく吸収する。K 殻の電子を放出するのに等しいエネルギーの波長が K 吸収

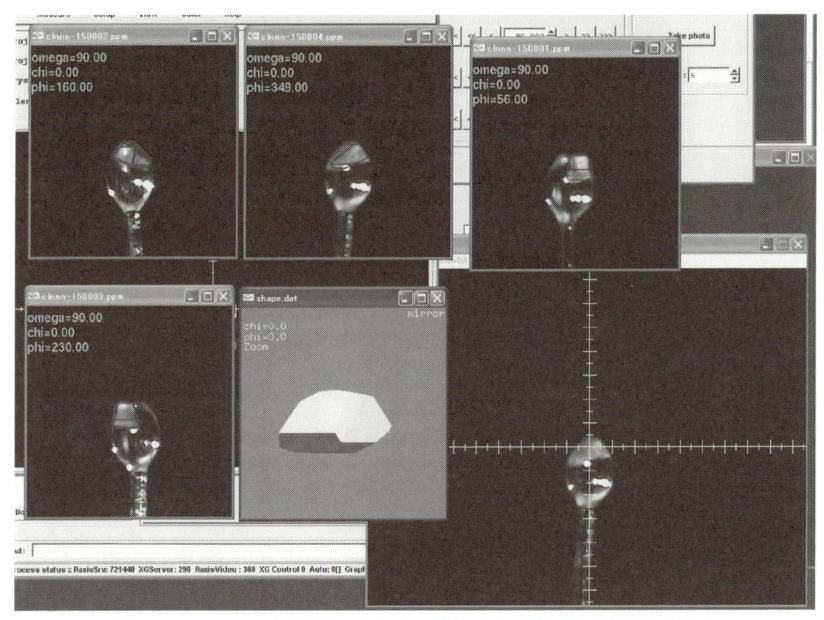

図 11-13 4つの外形データから,結晶の立体的な形が推定できた

端と呼ばれる。特性 X 線と各元素の間の吸収係数の関係は図 11-14 のように変化するので,結晶の組成に応じて考えなくてはならない。

(3) 絶対配置の決定

X 線の吸収が起こるために,元素ごとに,使用する X 線の波長に関係した散乱の異常が生じる。この時の原子散乱因子は

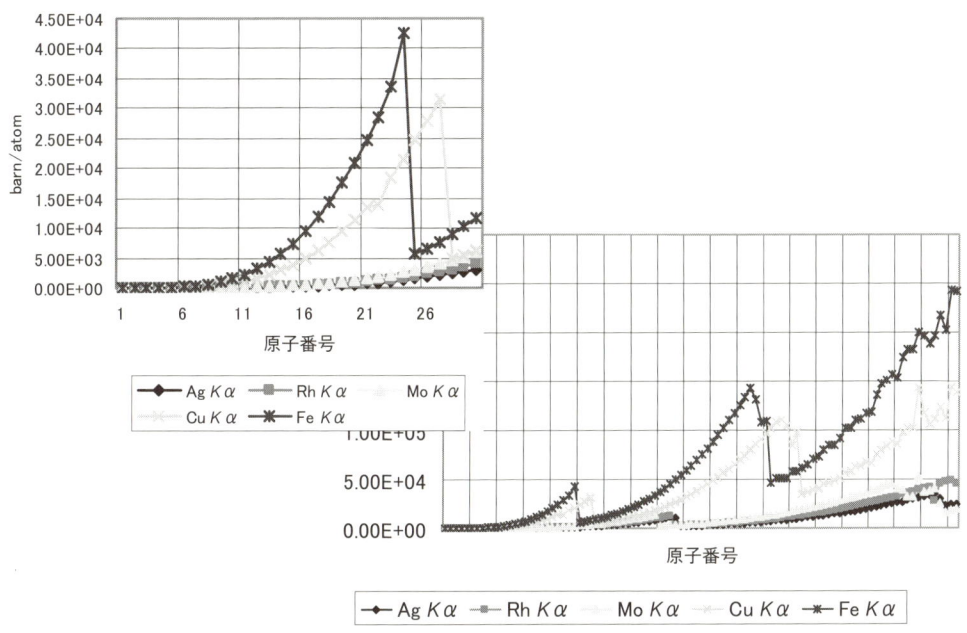

図 11-14 特性 X 線と原子の吸収係数

$$f_{\text{atom}} = f_0 + \Delta f' + i\Delta f''$$

のように書かれる。ここで，$\Delta f'$ と $\Delta f''$ は異常散乱項と呼ばれ，X線の波長ごとに定数の係数である。吸収の大きな原子にのみ現れると考えてよいが，この項が構造因子に図11-15に示すような効果をもたらす。その結果，フリーデル則が満たされなくなり，結晶の裏表の判別ができることになる。

J. M. Bijvoetらは，d-グリセルアルデヒドのRb塩を用い，Zr Kα線[*1]によるこの効果を利用して絶対構造を決定した。その後，齊藤喜彦らがCu Kα線を使って $(+)_{598}-[\text{Co(en)}_3]^{3+}$ の絶対構造を決定した[*2]。

今日ではH. D. Flackが提案したフラックパラメータ（変数）による方法で，簡便に決められる。これは構造の精密化に際して，強度データを次のように表現してχの値を求めるものである。

$$I(hkl) = (1-\chi)|F(hkl)|^2 + \chi|F(\bar{h}\bar{k}\bar{l})|^2$$

ここでχがフラックパラメータで，χが0に近ければそのままの構造が当てはまり，1に近ければ反転した構造が当てはまることになりそうだという目安になる。この値が0.5に近いときはラセミ結晶であるか双晶であるということに成り得る。

[*1] Zrは原子番号が40で，λ(Zr Kα)=0.787Åであり，原子番号37で吸収端を0.814ÅにもつRbによる吸収効果が大きい。

[*2] 解析に用いられたのは $(+)_{589}$-$2[\text{Co(en)}_3]\text{Cl}_3\cdot\text{NaCl}\cdot 6\text{H}_2\text{O}$ と同じ組成の $(-)_{589}$-体である。原子番号27のCoの吸収端，1.608Åに対して，原子番号29のCuは，λ(Cu Kα)=1.542Åである。

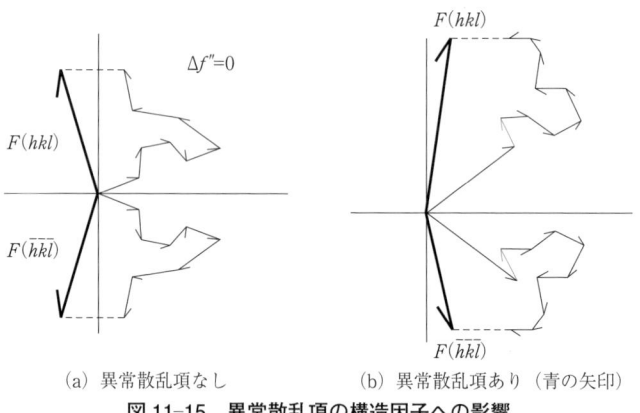

(a) 異常散乱項なし　　(b) 異常散乱項あり（青の矢印）

図11-15　異常散乱項の構造因子への影響

(4) 消衰効果（結晶の完全性）

きれいに面が揃った結晶，完全結晶では，回折面が平行であるために，2次，3次…と次々と回折を生じる。また，その場合，強度の強い反射では，表面付近の面による回折のために，結晶の深層に届くX線量が減ってしまう。どちらにしても回折強度に不均衡が生じる。

実際の結晶にはひびなどが入っていてモザイク性がある（図11-16）。

そのため大きな問題にはならないことが多いが，データ収集時にはモザイク性を判断する。

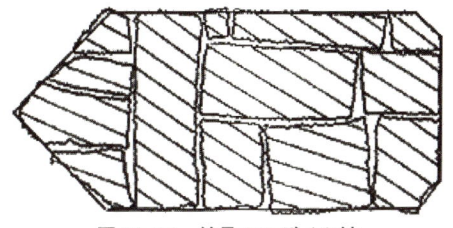

図 11-16 結晶のモザイク性

(5) 結果の評価

結果の評価基準は精密化の信頼度である。これを示すのが信頼度因子

$$R = \sum ||F_o| - |F_c||/\sum |F_o|$$

であったが，測定強度に信頼度の重みをつけた信頼度因子

$$R_w = [\sum(w(F_o^2 - F_c^2)2)/\sum w(F_o^2)^2]^{1/2}$$

が用いられる。

> **問題**
> 通常の測定条件（実験室レベル）では 0.3 mm 角ぐらいのものが最適である。自然のままの結晶が表面に生じる面の指数も複雑にならずに良い。そこでこうして選んだ 0.3 mm 角の単結晶に，単位格子の大きさとして一辺が 15 Å の格子が何個含まれているか。
>
> **解** 一片に 0.3×10^{-3} m/(15×10^{-10}) m = 2×10^5（格子）が並んでいる。という訳で，おおよそ $(10^5)^3$ オーダーの格子数で回折実験を行っていることになる。

(6) 2次元検出器の特殊な利用法

日本結晶学会誌に掲載された講座に，こんな結晶でも測定できますという記事があった。

この結晶のサイズは

$$0.03 \times 0.03 \times 1.0 \text{ mm}^3 = 9 \times 10^{-4} \text{ mm}^3$$

という訳で，0.3 mm 角の結晶と比べるとほぼ 1/3 の体積である。

最近は X 線の強度も強くなり，0.1 mm 角でもできそうだとなると，十分な大きさだと考えられる。

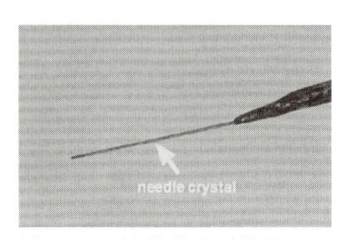

図 11-17 針状結晶（結晶サイズ：30×30×1000 μm）を整形せずに用いて，回転写真法にて反射強度を測定
（Photograph of a fine needle crystal used for intensity measurement by ϕ-rotation method.） 26833 reflections, 12363 unique reflections, Rint = 0.0560, R = 0.0402. 植草秀裕氏提供.

11-3 結晶格子が教える組成情報と実例

- $[M(bpy)_3][NaCo(ox)_3]ClO_4$ の結晶
  - $P2_13$(#198), $M=Fe^{II}$ の場合 $a=15.359(3)$ Å, $V=3619.6(12)$ Å^3, 1.780 g/cm^3 で，FW = 969.84 である。
  - 単位格子の質量と組成を検討すると，各原子の位置がほぼわかる！

空間群 P2$_1$3(#198) のデータは次のようです：

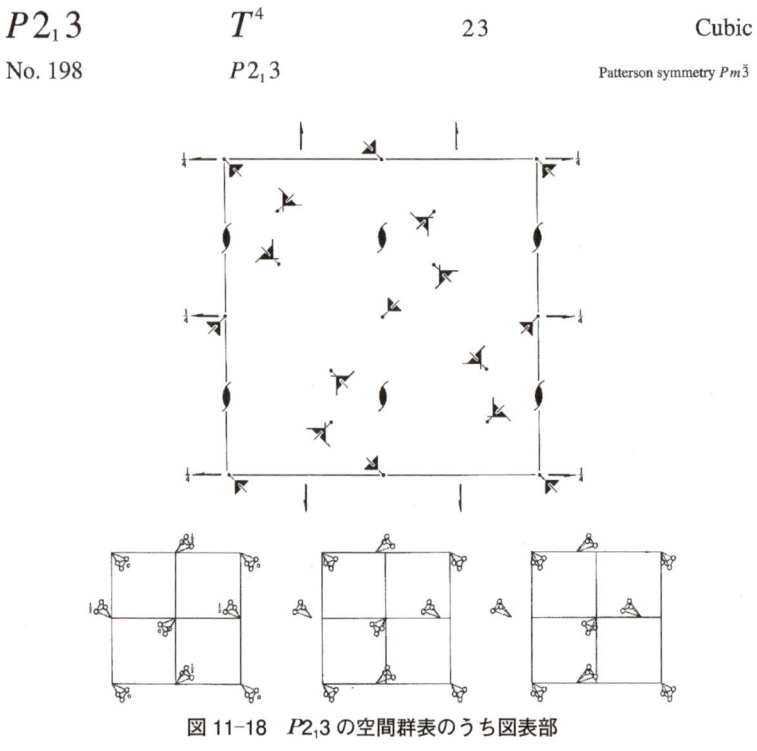

$P2_13$	T^4	23	Cubic
No. 198	$P2_13$		Patterson symmetry $Pm\bar{3}$

図 11-18 $P2_13$ の空間群表のうち図表部

Generators selected (1); $t(1,0,0)$; $t(0,1,0)$; $t(0,0,1)$; (2); (3); (5)

Positions

Multiplicity, Wyckoff letter, Site symmetry	Coordinates	Reflection conditions

h,k,l cyclically permutable
General:

12 b 1
(1) x,y,z (2) $\bar{x}+\tfrac{1}{2},\bar{y},z+\tfrac{1}{2}$ (3) $\bar{x},y+\tfrac{1}{2},\bar{z}+\tfrac{1}{2}$ (4) $x+\tfrac{1}{2},\bar{y}+\tfrac{1}{2},\bar{z}$
(5) z,x,y (6) $z+\tfrac{1}{2},\bar{x}+\tfrac{1}{2},\bar{y}$ (7) $\bar{z}+\tfrac{1}{2},\bar{x},y+\tfrac{1}{2}$ (8) $\bar{z},x+\tfrac{1}{2},\bar{y}+\tfrac{1}{2}$
(9) y,z,x (10) $\bar{y},z+\tfrac{1}{2},\bar{x}+\tfrac{1}{2}$ (11) $y+\tfrac{1}{2},\bar{z}+\tfrac{1}{2},\bar{x}$ (12) $\bar{y}+\tfrac{1}{2},\bar{z},x+\tfrac{1}{2}$

$h00$: $h=2n$

Special: no extra conditions

4 a .3. x,x,x $\bar{x}+\tfrac{1}{2},\bar{x},x+\tfrac{1}{2}$ $\bar{x},x+\tfrac{1}{2},\bar{x}+\tfrac{1}{2}$ $x+\tfrac{1}{2},\bar{x}+\tfrac{1}{2},\bar{x}$

図 11-19 $P2_13$ の空間群表のうち対称重要部分

　まず，空間群表の右ページ（図 11-18），左ページは一部を示す（図 11-19）。

　この空間群は立方晶系なので，3 つの軸方向の投影図は同じである。したがって 1 枚しか投影図がない。下に並んだ 3 つの小さな図は，2 枚ずつで立体視できる図になる。

　格子内の座標位置の関係は，右ページに a の位置と b の位置があることが示されている。また a の位置は体対角線に沿った 3 回軸に乗っている。密度の値から $Z=4$ と求められ，M, Na, Co, Cl といった主要原子は 3 回軸上にあり，それを囲むように配位子，配位原子が 3 回対称を持つように配列していることが視察できる。構造もその通りになる。非対称単位は組成の 1/3 である（第 56 回錯体化学討論会講演要旨）。

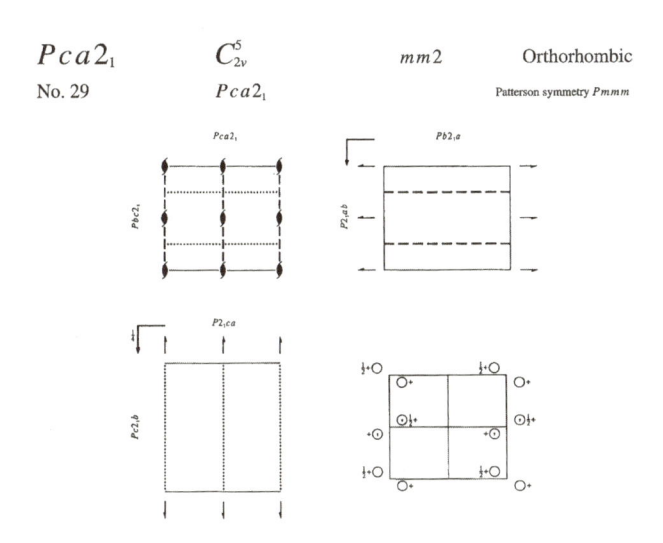

$Pca2_1$　　C_{2v}^5　　$mm2$　　Orthorhombic

No. 29　　$Pca2_1$　　　　　Patterson symmetry $Pmmm$

Generators selected (1); $t(1,0,0)$; $t(0,1,0)$; $t(0,0,1)$; (2); (3)

Positions

Multiplicity, Wyckoff letter, Site symmetry	Coordinates	Reflection conditions

General:

4 a 1   (1) x,y,z (2) $\bar{x},\bar{y},z+\tfrac{1}{2}$ (3) $x+\tfrac{1}{2},\bar{y},z$ (4) $\bar{x}+\tfrac{1}{2},y,z+\tfrac{1}{2}$

$0kl$: $l=2n$
$h0l$: $h=2n$
$h00$: $h=2n$
$00l$: $l=2n$

図 11-20 $Pca2_1$ の空間群表
（上部に図表，下部は対称要素と消減則）

- $C_{39}H_{48}O_4Cl_4$ (FW = 722.62) の有機結晶
  - $a = 9.692(3)$, $b = 16.725(4)$, $c = 23.261(7)$ Å, $V = 3770.5(18)$ Å^3
    空間群が決まらない（密度もわからない）
  - 密度を推定して，Z を求める

この結晶の場合，空間群の選択肢が複数生じた。空間群 Pca2$_1$(#29) と Pbcm(#57) がプログラムによって示唆された。

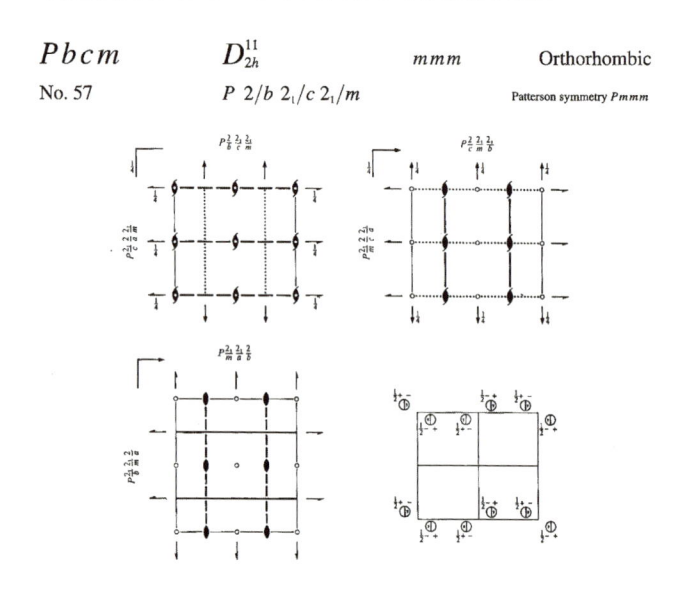

Pbcm D_{2h}^{11} mmm Orthorhombic

No. 57 $P\ 2/b\ 2_1/c\ 2_1/m$ Patterson symmetry $Pmmm$

図 11-21 *Pbcm* の空間群表
（上下に図表，下部に対称要素と消滅則）

空間群の選択は次の表に基づいている。

Reflection conditions							Extinction symbol	Laue class *mmm* (2/m 2/m 2/m)		
								Point group		
hkl	0*kl*	*h*0*l*	*hk*0	*h*00	0*k*0	00*l*		*mm*2 *m*2*m* 2*mm*	222	*mmm*
		h+l		*h*		*l*	P–n–	**Pmn2₁** (31)		
								P2₁nm (31)		Pmnm (59)
		h+l	*h*	*h*		*l*	P–na	P2na (30)		**Pmna** (53)
		h+l	*k*	*h*	*k*	*l*	P–nb	P2₁nb (33)		Pmnb (62)
		h+l	*h+k*	*h*	*k*	*l*	P–nn	P2nn (34)		**Pmnn** (58)
	k				*k*		Pb– –	Pbn2 (28)		
								Pb2₁m (26)		Pbmm (51)
	k	*h*					Pb–a	Pb2₁a (29)		Pbma (57)
	k		*k*		*k*		Pb–b	Pb2b (27)		Pbmb (49)
	k		*h+k*	*h*	*k*		Pb–n	Pb2n (30)		Pbmn (53)
	k	*h*	*h*	*h*	*k*		Pba–	**Pba2** (32)		**Pbam** (55)
	k	*h*	*k*	*h*	*k*		Pbaa			Pbaa (54)
	k	*h*	*k*	*h*	*k*		Pbab			Pbab (54)
	k	*h*	*h+k*	*h*	*k*		Pban			Pban (50)
	k	*l*				*l*	Pbc–	**Pbc2₁** (29)		Pbcm (57) ←
	k	*l*	*h*	*h*	*k*	*l*	Pbca			Pbca (61)
	k	*l*	*k*		*k*	*l*	Pbcb			Pbcb (54)
	k	*l*	*h*	*h*	*k*	*l*	Pbcn			**Pbcn** (60)
	k	*h+l*		*h*	*k*	*l*	Pbn–	Pbn2₁ (33)		Pbnm (62)
	k	*h+l*	*k*	*h*	*k*	*l*	Pbna			Pbna (60)

図 11-22　消減則 Lane 群との対称早見表

軸の順番の取り方で空間群記号は異なるので，順番の合った取り方に変換して解析する必要がある。

あとは分子の対称性との関係を見ていくほかない（*Tetrahedron Letters*, **48**, 6877-6880 (2007)）。

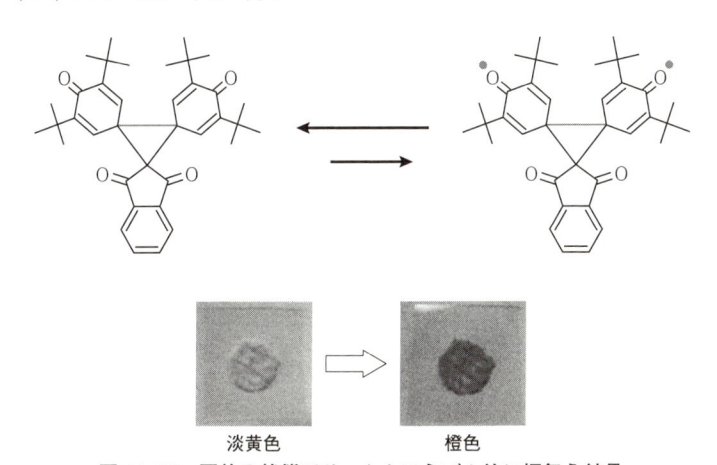

図 11-23　固体の状態でサーククロミズム的に振舞う結晶

淡黄色　　橙色

低温⇄高温で構造変化があり，双晶になる結果が解析を困難にしていた。この場合は薄い板状結晶を切り出して解析しなおした。

・　全く組成もわからない第3の結晶
　　－　金属錯体である事はわかっている

[Ni(Et₂en)₂](PF₆)₂ を目ざして合成した化合物であった。正常に合成できていればオレンジ色の結晶だったが，薄い青緑色の結晶が得られた。結晶格子はこんなに対称性が良い！そして単位格子は非常に小さい！

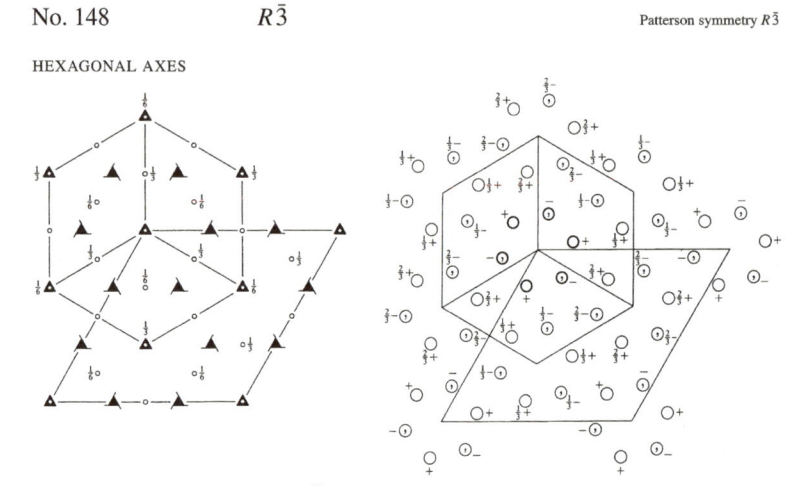

$R\bar{3}$ C_{3i}^2 $\bar{3}$ Trigonal

No. 148 $R\bar{3}$ Patterson symmetry $R\bar{3}$

HEXAGONAL AXES

図 11-24 $R\bar{3}$ の空間群表の図表部（六方晶型）

Generators selected (1); $t(1,0,0)$; $t(0,1,0)$; $t(0,0,1)$; $t(\frac{2}{3},\frac{1}{3},\frac{1}{3})$; (2); (4)

Positions

Multiplicity, Wyckoff letter, Site symmetry

Coordinates

$(0,0,0)+$ $(\frac{2}{3},\frac{1}{3},\frac{1}{3})+$ $(\frac{1}{3},\frac{2}{3},\frac{2}{3})+$

| 18 | f | 1 | (1) x,y,z | (2) $\bar{y}, x-y, z$ | (3) $\bar{x}+y, \bar{x}, z$ |
| | | | (4) $\bar{x}, \bar{y}, \bar{z}$ | (5) $y, \bar{x}+y, \bar{z}$ | (6) $x-y, x, \bar{z}$ |

Reflection conditions

General:

$hkil$: $-h+k+l=3n$
$hki0$: $-h+k=3n$
$hh\bar{2h}l$: $l=3n$
$h\bar{h}0l$: $h+l=3n$
$000l$: $l=3n$
$h\bar{h}00$: $h=3n$

Special: no extra conditions

9	e	$\bar{1}$	$\frac{1}{2},0,0$	$0,\frac{1}{2},0$	$\frac{1}{2},\frac{1}{2},0$
9	d	$\bar{1}$	$\frac{1}{2},0,\frac{1}{2}$	$0,\frac{1}{2},\frac{1}{2}$	$\frac{1}{2},\frac{1}{2},\frac{1}{2}$
6	c	3.	$0,0,z$	$0,0,\bar{z}$	
3	b	$\bar{3}$.	$0,0,\frac{1}{2}$		
3	a	$\bar{3}$.	$0,0,0$		

図 11-25 $R\bar{3}$ の空間群表の対称要素と消減則（六方晶型）

- 結晶系…trigonal
- 格子の型…R-centered
- 空間群…$R\bar{3}$ (#148)
- 格子定数（六方晶系にとって）$a = 9.288(9)$, c = 9.511(8) Å
- 単位格子の体積は $V = 710.6(11)$ Å^3

とにかく構造解析をやってみる！

菱面体晶は解析のためには六方晶系型に格子を取り直す。その両者の取り方の関係が表に出ている。International Tables ではまず六方晶系の取り方がある。

次のページに菱面体での取り方があるが、左ページの図の部分は同じなので省略する。

座標データは六方晶系型にとった場合の 1/3 になっていて、格子の体積が 1/3 になったことがわかる。

$R\bar{3}$ C_{3i}^2 $\bar{3}$ Trigonal

No. 148 $R\bar{3}$ Patterson symmetry $R\bar{3}$

RHOMBOHEDRAL AXES

図の一部省略

図 11-26 $R\bar{3}$ の空間群表の菱面体品型の表題

Generators selected   (1); $t(1,0,0)$; $t(0,1,0)$; $t(0,0,1)$; (2); (4)

Positions
Multiplicity,   Coordinates   Reflection conditions
Wyckoff letter,
Site symmetry   General:

6   f 1   (1) x,y,z (2) z,x,y (3) y,z,x no conditions
             (4) $\bar{x},\bar{y},\bar{z}$ (5) $\bar{z},\bar{x},\bar{y}$ (6) $\bar{y},\bar{z},\bar{x}$

                                                       Special: no extra conditions

3   e $\bar{1}$ $0,\tfrac{1}{2},\tfrac{1}{2}$ $\tfrac{1}{2},0,\tfrac{1}{2}$ $\tfrac{1}{2},\tfrac{1}{2},0$

3   d $\bar{1}$ $\tfrac{1}{2},0,0$ $0,\tfrac{1}{2},0$ $0,0,\tfrac{1}{2}$

2   c 3. x,x,x $\bar{x},\bar{x},\bar{x}$

1   b $\bar{3}$. $\tfrac{1}{2},\tfrac{1}{2},\tfrac{1}{2}$

1   a $\bar{3}$. $0,0,0$

図 11-27 $R\bar{3}$ の空間群表の菱面体品型での対称要素と消減則

回折データの説く方向に沿って進めば構造が得られる。この場合，使用した試薬に問題があり，試験管の一部が融けて $[Ni(H_2O)_6][SiF_6]$ が生じていることが最終的にわかった（未発表）。

結晶データは，中原勝儼，『無機化合物・錯体辞典』，講談社（1997）掲載のものと一致した。

構造解析では電子密度で原子を区別する。この結晶の場合，Si 原子の存在は全く予想しておらず，Ni 原子との比較から P 原子として解析を進めることができた。しかし最終的にそれでは格子内の電荷の中性を満たさない。そこで電荷調整のために P を Si として解析しなおしてさらによい結果を得ることができた。しかしそれは前述のように既出の化合物であった。

> **問 題**
> 最後の結晶の結晶データは，$a=9.2882$, $b=9.2882$ Å, $c=9.5114$, $\alpha=90.$, $\beta=90.$, $\gamma=120.$ である。組成は上にあるように $[Ni(H_2O)_6][SiF_6]$ と決まった。原子量は H: 1.008, O: 16.00, F: 19.00, Si: 28.09, Ni: 58.69 を使って（アボガドロ数は 6.022×10^{23}/mol），この結晶の密度を計算せよ。
>
> **解**
> 「密度＝質量／体積」なので，質量と体積を求めてその比をとればよい。
> まず質量は，有効数字を 4 桁として，式量が $58.69+(1.008\times2+16.00)\times6+28.00+19.00\times6=308.78 \fallingdotseq 308.8$
> 体積は，六方晶系では，底面積 $a\times b\sin120°$ なので
> 9.2882 Å $\times 9.2882$ Å $\times \sqrt{3/2} \times 9.5114$ Å $= 710.621$ Å^3

空間群 R3 を六方晶系型にとると a, b-site ともに 3 倍になるので $Z=3$ より，密度は次のようになる。

$3 \times [308.8 (\text{g/mol})/(6.022 \times 10^{23}/\text{mol})]/710.62 \text{ Å}^3 = 2.1348 \text{ g/cm}^3$

12 X線以外の波動を利用した回折—電子線と中性子線についてちょっとだけ

12-1 X線との比較

・電子線：荷電粒子＝電荷との相互作用を利用する。
したがって，電子だけでなく核とも相互作用する。
電荷間の相互作用は大きく内部構造を見るには適さない。
・中性子線：無荷電，重量粒子＝質量による相互作用を利用する。
したがって，電子との相互作用を重視すると，核との相互作用で同位体を区別できる。
また，中性子のスピンは磁気的な相互作用もする。
さらに質量による相互作用がないので結晶内部の情報を伝える。

12-2 波 長

粒子の波長はド・ブロイの関係から求める $\lambda = \dfrac{h}{mv}$

電子線の場合 $\dfrac{1}{2}mv^2 = eV$ より $\lambda = \dfrac{h}{\sqrt{2meV}}$

中性子線の場合温度と関係づけると $\dfrac{1}{2}mv^2 = \dfrac{3}{2}kT$ より
$\lambda = \dfrac{h}{\sqrt{3mkT}}$
あるいは飛行時間 t と飛行距離 D で $v = D/t$ と求まるので
$\lambda = \dfrac{ht}{\sqrt{Dm}}$

問題 電子線・中性子線の波長，発生条件を調べる。プランク定数は $h = 6.63 \times 10^{-34}$ Js とする。
① 電子線は次の値で特徴づけられる
　$m = 9.11 \times 10^{-31}$ kg
　$e = -1.60 \times 10^{-19}$ C
(1) 加速電圧 $V = 50$ kV での波長はいくらか。
(2) $\lambda = 1$ Å にする加速電圧はどれほどか。
中性子線は次の値で特徴づけられる。

$m = 1.67 \times 10^{-27}$ kg
$k = 1.38 \times 10^{-23}$ JK^{-1}

(1) $T = 300$ K での波長はいくらか。
(2) $\lambda = 1$ Å のときの温度はいくらか。

解

① 電子線の場合

50 kV で加速した電子線の波長：

$\lambda = \dfrac{h}{\sqrt{2meV}}$ に電子の電荷と質量を代入する。

$\therefore \lambda = \dfrac{h}{\sqrt{2meV}} = \dfrac{6.63 \times 10^{-34}\text{Js}}{\sqrt{2 \times 9.11 \times 10^{-31}\text{kg} \times 1.60 \times 10^{-19}\text{C} \times 50 \times 10^{3}\text{V}}}$

$= \dfrac{6.63 \times 10^{-34}\text{Js}}{\sqrt{2 \times 9.11 \times 1.60 \times 50 \times 10^{-47}\text{kgCV}}}$

V = JC^{-1} or VC = J = kg・m^2・s^{-2} であり，また上式は

$\lambda = \dfrac{6.63 \times 10^{-34}\text{Js}}{4.0 \times 10^{-23} \times \sqrt{9.11\text{kg}\cdot\text{CV}}}$

のように書き換えられ，単位部分は $\dfrac{\text{kg}\cdot\text{m}^2\cdot\text{s}^{-1}}{\text{kg}\cdot\text{m}\cdot\text{s}^{-1}} = m$ と確かめられ

$\lambda = \dfrac{6.63}{4.0 \times 3.018} \times 10^{-11}\text{m} = 0.549 \times 10^{-11}\text{m}$ or 5.49 pm

とわかる。

$\lambda = 1$Å の波長の電子線をつくる条件

$\lambda^2 = \dfrac{h^2}{2meV}$ より，$V = \dfrac{h^2}{2me\lambda^2}$

$V = \dfrac{(6.63 \times 10^{-34}\text{Js})^2}{2 \times 9.11 \times 10^{-31}\text{kg} \times 1.60 \times 10^{-19}\text{C} \times (1 \times 10^{-10}\text{m})^2}$

$= \dfrac{6.63 \times 6.63 \times 10^{-68}\text{J}^2\text{s}^2}{2 \times 9.11 \times 1.60 \times 10^{-70}\text{kg}\cdot\text{m}^2\cdot\text{C}}$

単位の部分は $\dfrac{\text{J}^2\text{s}^2}{\text{kg}\cdot\text{m}^2\cdot\text{C}} = \dfrac{\text{CV}\cdot\text{kg}\cdot\text{m}^2\cdot\text{s}^{-2}\cdot\text{s}^2}{\text{kg}\cdot\text{m}^2\cdot\text{C}} = V$

よって，$V \fallingdotseq 151$ V

② 中性子線の場合も同様

$T = 300$K の熱中性子線の波長は

$\lambda = \dfrac{h}{\sqrt{3mkT}} = \dfrac{6.63 \times 10^{-34}\text{Js}}{\sqrt{3 \times 1.67 \times 10^{-27}\text{kg} \times 1.38 \times 10^{-23}\text{JK}^{-1} \times 300\text{K}}}$

$= \dfrac{6.63 \times 10^{-34}\text{Js}}{\sqrt{3 \times 1.67 \times 1.38 \times 3 \times 10^{-48}\text{kgJ}}}$ $\dfrac{2.21}{1.518} \times 10^{-10}\text{m} = 1.46 \times 10^{-10}\text{m}$

$\lambda = 1$Å の波長の中性子線の温度は

$T = \dfrac{h^2}{3mk\lambda^2} = \dfrac{(6.63 \times 10^{-34}\text{Js})^2}{3 \times 1.67 \times 10^{-27}\text{kg} \times 1.38 \times 10^{-23}\text{JK}^{-1} \times (1 \times 10^{-10}\text{m})^2}$

$= \dfrac{6.63 \times 6.63 \times 10^{-68}\text{J}^2\text{s}^2}{3 \times 1.67 \times 1.38 \times 10^{-70}\text{kgJm}^2\text{K}^{-1}}$

よって，$T = 6.35 \times 10^2$K

12-3 電子線回折

電子線が回折現象を見せることは，ド・ブロイ波としての電子線回折現象が示されたことに始まる。

- 電子線は荷電粒子であるため，透過力が小さい。
- そのため固体表面や薄膜ないし気体を対象とすることができる。
- 電子線は質量は小さな粒子であり，電子とも核の電荷とも相互作用する。

その波長は非常に短いものが容易に得られる（例えば 300 kV の加速で，$\lambda = 1.97$ pm (0.0197 Å)）。

波長が短いということはエワルド球が大きくなるということで，同時に限界球と交わる領域が広いということになる（同時反射）。

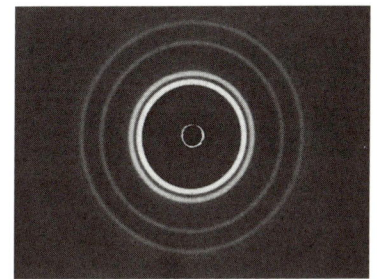

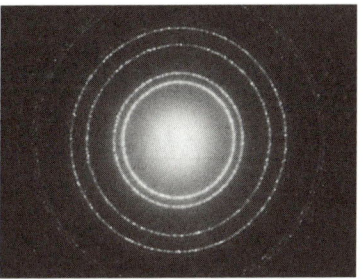

図 12-1 X線（左）と電子線（右）による，おなじアルミ箔による回折像
等しく見えるリング状のパターンが，X線と電子線がともに波動性を持つことが示されている。
(PSSC Physics film *Matter Waves*, Cambridge, Massachusetts: Education Development Crenter.)

12-4 中性子線回折

中性子は電荷を持たない粒子であるため，透過力が大きい。また質量が大きな粒子であるので，電子とは相互作用しないが核の質量と相互作用する。そのため同位体で異なる相互作用をし得る。さらに1点に集中した核と相互作用するので。散乱因子は角度によらず一定である。

12-4-1 散乱因子

原子量順の原子散乱因子は次のグラフになる。

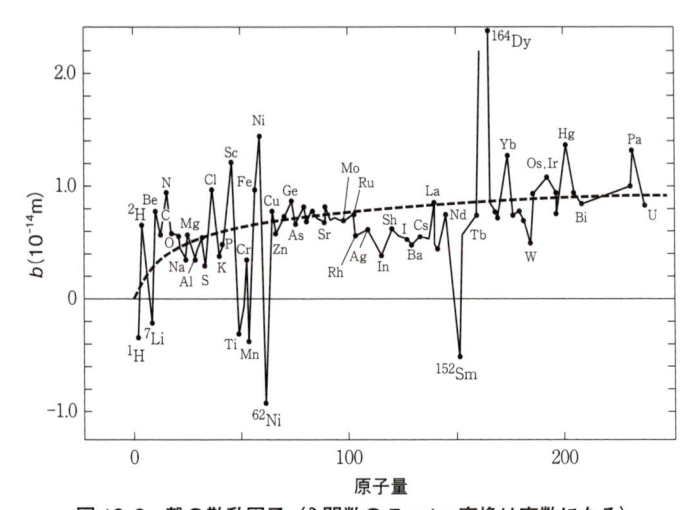

図 12-2 殻の散乱因子（δ 関数の Fourier 変換は定数になる）
(R. A. Young, "Introduction to the Rietveld method" in The Rietvelt Method, ed., R. A. Young, IUCr Monographs on Crystallography 5, Oxford, (1995).)

そこで例えば X 線では見つけることが難しい H 原子の位置を確定することができるし，H と置換された D（重水素）の特定ができる。

その一方，線源の強度が低く，散乱因子も小さいため，単結晶で行う場合は X 線よりも大きな結晶を必要としてきた。そのため，粉末で利用することが多かった。近年，原子炉によらない方法の発生源がつくられ，より強度の高い中性子源を使えるようになってきている。

粉末回折データによる構造決定は，1986 年 Bednorz と Müller による高温超電導物質の発見が引き金となって，広く行われるようになったと思われる。

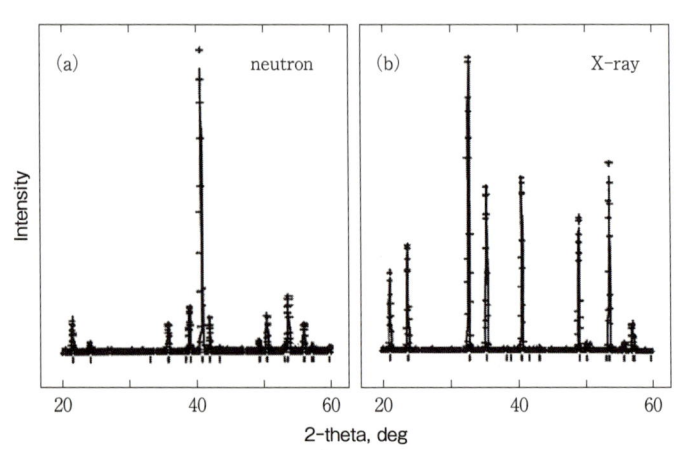

図 12-3 MgTiO$_3$ の波長 1.5428 Å での中性子線（左）と X 線（右）のシミュレーションによる回折パターン（出典：同上）

12-4-2 核スピン

中性子がスピンを持つということは，磁性をもつ原子とは特殊な相互

作用をすることを意味する。

例えば，反強磁性結晶の MnO を X 線と中性子線で観察すると，電子分布は変わらないので，X 線では食塩型構造，NaCl 型，で格子は $a=0.44$ nm の立方晶として観察される。ところが Mn^{2+} のスピンは交互に逆向きであるために中性子線では Mn 原子の周期が X 線で見たものの倍として観察される（図 12-4）。

このように，中性子で見たときと，X 線で見たときでは格子の大きさが違うことがある。

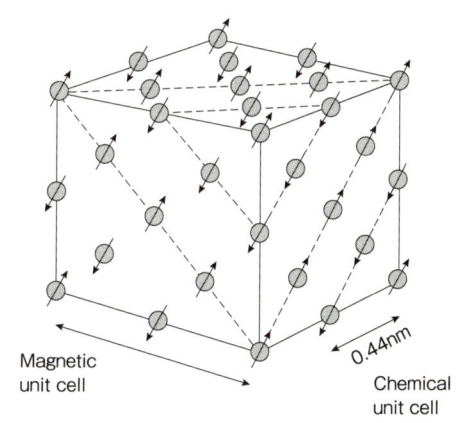

図 12-4　酸化マンガン（MnO）の化学的単位格子と磁気的単位格子。
磁性イオンである Mn^{2+} イオンだけが矢印をつけて示されていて，O^{2-} イオンは省略されている。
(H. V. Keer, "Principles of the Solid State", Wiley Eastern, 1993)

ところが一方，スピンの作る格子と，電子密度の作る格子が等しいときは両者に差はない。例えばマグネタイト（磁鉄鉱，Fe_3O_4：図 12-5）では，中性子と X 線での観察で，格子の大きさは変わらない。

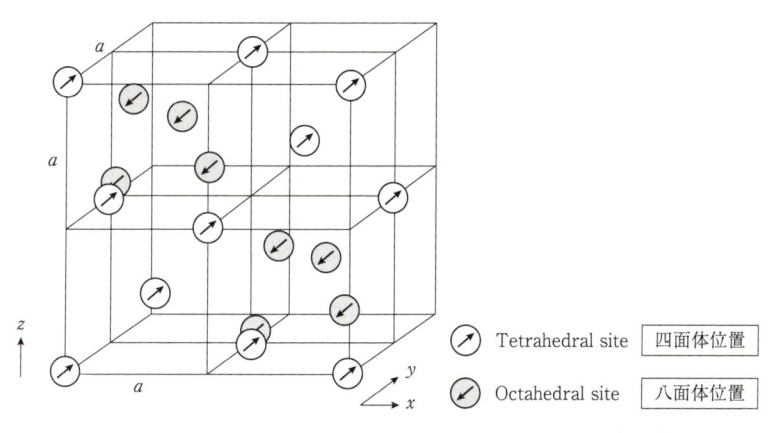

図 12-5　フェリ磁性を示す逆スピネル構造の磁鉄鉱。組成は $Fe^{III}_2Fe^{II}O_4$ であるが，Fe^{III} の半分が四面体位置にあり，残りの Fe^{III} と Fe^{II} は八面体位置を占める。
(L. Smart & E. Moore, "Solid State Chemistry—An introduction", 2nd ed., Chapman & Hall (1995))

12-5 X線の粉末回折データの利用

中性子線のところで触れたが，粉末回折データを利用した構造解析法がX線でも普及してきた。

12-5-1 リートフェルト（Rietveld）解析

NaClのような結晶は，粉末回折像をとってもそれぞれのピークに指数付けして，ブラッグ親子が行ったように，面間隔を使うだけで構造を決めることができる。しかし格子が大きくて，さらに対称性が悪くなるとピーク同士が重なることもあって，個々の回折ピークの強度を精確に決めることは難しい。

リートフェルト解析はそうした粉末回折データを基にして結晶構造を決める手順として開発された。これによって，回折角度だけでなく，それぞれの回折強度も決めていく。回折強度の型を適当に決めて，回折像がこの型の重なりによって生じるとして，全体の回折パターンを計算できるようにした。

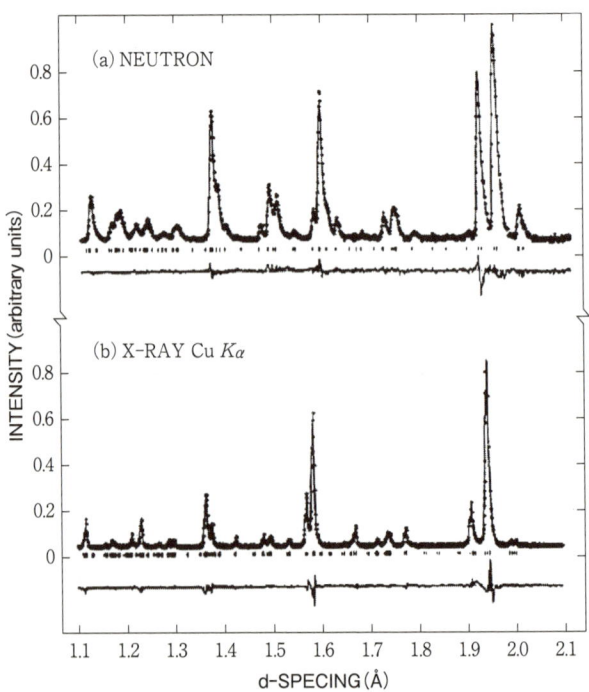

図12-6 $YBa_2Cu_3O_{7-x}$の中性子線（a）とX線（b）の回折データ

それぞれ（a）の曲線上の点が観察された強度で曲線は構造決定して求めたシミュレーション曲線である。中央部の破線は回折位置を示し，（b）下の曲線は実測と計算の差を表している。
(R. A. Young, "Introduction to the Rietveld method" in The Rietveld Method, ed., R. A. Young, IUCr Monographs on Crystallography 5, Oxford,（1995））

散乱因子が回折角度によらない中性子線の場合と違って，X線では回折角に応じた原子散乱因子を使わなくてはならない。現在，X線結晶構造解析にも適用されてきていて，単結晶でなく，多結晶でも「結晶構造解析」と言えるようになりつつあるという。適当な解析ソフトも公開されている。

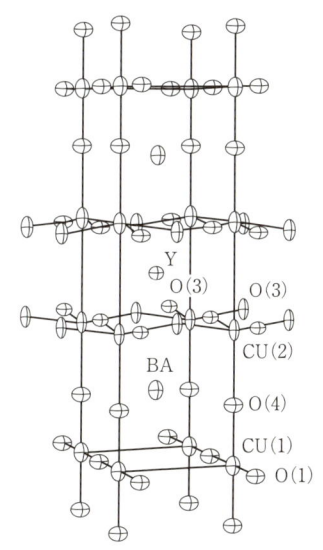

図12-7 X線のデータで決められた$YBa_2Cu_3O_{7-x}$の構造
（出典：同上）

参考書

〔全体にわたって〕

桜井敏雄,『X線結晶解析』, 裳華房 (1972).

齊藤喜彦,『「化学結晶学入門—X線結晶解析の基礎—」』, 共立出版 (1975).

"Sir Lawrence Bragg, The Development of X-ray Analysis", Ed. by D. C. Philips, F. R. S. and H. Lipson, F. R. S., Dover (1975).

M. F. C. Ladd & R. A. Palmer, "Structure Determination by X-Ray Crystallography", Plenum Press (1978).

Peter Luger, "Modern X-ray Analysis on Single Crystals", Walter de Gruyter (1980).

G. Stout & L. H. Jensen, "X-Ray Structure Determination, a Practical Guide", 2nd Ed., John Wiley & Sons, (1989).

日本化学会編,『第4版実験化学講座 10 回折』, 丸善 (1992).

大場 茂, 矢野重信 編著,「X線構造解析」, 日本化学会編, 化学者のための基礎講座12, 朝倉書店 (1999).

W. Clegg, A. J. Blake, R. O. Gould & P. Main, "Crystal Structure Analysis, Principles and Practice", IUCr text on crystallography 6, Oxford University Press (2001).

Christopher Hammond, "The Basics of Crystallography and Diffraction" 2nd ed., Oxford University Press (2001).

David Blow, "Outline of Crystallography for Biologists", Oxford University Press (2002).

Werner Massa, "Crystal Structure Determination", 2nd Ed., Springer (2002).

大橋裕二,『X線結晶構造解析』, 化学新シリーズ, 裳華房 (2005).

大橋裕二,『結晶化学 基礎から最先端まで』, 裳華房 (2014).

〔平易な解説書〕

角戸正夫・笹田義夫,『X線解析入門』, 東京化学同人 (1972).

W. Clegg, "Crystal Structure Determination", Oxford Chemistry Primers, Oxford University Press (1998).

平山令明,『X線が拓く科学の世界——「基礎知識から人体に対する影響, 医療への応用, 宇宙探査, 犯罪捜査, 分子の世界の解明まで」』, サイエンス・アイ新書, ソフトバンククリエイティブ (2011).

〔対称性・空間格子〕

Cornelis Klein and Cornelius S. Hurlbut, Jr., "Manual of Mineralogy (after James D. Dana)", 21st ed., John Wiley & Sons (1993).

The International Union of Crystallography, "International Tables for Crystallography, Volume A Space-Group Symmetry", Ed. By Theo Hahn, 5th ed, Kluwer Academic Publishers（2002）.

〔光学関連〕

S. G. Lipson and H. Lipson, "Optical Physics", 2nd ed., Cambridge University Press（1981）.

〔フーリエ解析〕

上記の "Optical Physics" 以外に
船越満明，『キーポイント　フーリエ解析』，岩波書店（1997）．
小暮陽三，『なっとくするフーリエ変換』，講談社（1999）．

〔結晶構造解析の実際〕

大場　茂，植草秀裕，『X線構造解析入門　―強度測定からCIF投稿まで―』，化学同人（2014）．
日本結晶学会誌の入門講座
『単結晶X線回折実験のかんどころ』（2001年）から
堀内弘之（3）「X線を使おう」
吉朝　朗（5）「結晶の対称を知ろう」
小澤芳樹（6）「ワイセンベルグ写真をとってみよう」
尾関智二（7）「単結晶を見つける」

「実験室系単結晶X線構造解析における二次元検出器利用のかんどころ」（2003年）から
植草秀裕（3）「二次元検出器を使った構造解析：日常的利用における長所と留意点」
森本幸生（4）「蛋白質結晶学における二次元検出器の利用」
鳥海幸四郎（5）「二次元検出器の特性を活かした低分子結晶解析の研究例」

〔歴史的記述〕

H. S. Lipson 著（能村光郎訳），『モダンサイエンスシリーズ　結晶とX線』，共立出版（1976）．
W. L. ブラッグ（永宮健夫，細谷資明訳），『結晶学概論（改版）』，岩波書店（1978）．
山崎岐男，『孤高の科学者　W. C. レントゲン』，医療科学社（1995）．
青柳泰司，『近代科学の扉を開いた人　レントゲンとX線の発見』，恒星社厚生閣（2000）．
André Authier, "Early Days of X-ray Crystallography", Oxford University Press（2013）．

索　引

あ　行

アキラル　108
圧電効果　20, 45
異常散乱項　122
位　相　112
位相差　93
位相のずれ　94
映進操作　36
映進対称　38
映進面　35, 36, 97
X線　48, 135
X線管球　48
X線の検出　53
X線の波長　65
エワルド　56
エワルド球　104, 133
エワルドの条件　103, 107, 109
オイラーの公式　69

か　行

回映操作　24
外　積　86
回折強度　94
回　折　56, 80
回折強度　99, 100
回折条件　85, 86
回転次数　10
回転操作　24, 39
回転対称　8, 10, 11, 26
回反軸　12
回反操作　12
回　文　25, 34, 45
核スピン　134
干　渉　80
γ線　52
規格化　93
逆格子　104
逆格子ベクトル　88
吸収係数　120
吸収端　122
吸収補正　120
鏡映操作　36
鏡映対称　13
鏡映面　13, 96
鏡　像　11, 13

共役複素数　70
極性結晶　45
虚数項　95
虚数成分　69
キラル　108
キラル結晶　45
空間群　42, 107, 108, 115
空間格子　31, 63
クニッピング　56
結晶系　26, 31, 35
結晶の密度　65
結晶面　88
限界球　104, 133
原子散乱因子　91, 93
格子点　31
格子面　94
構造因子　91, 94, 99, 109
光路差　85, 102

さ　行

座標軸　26
三斜晶系　3, 19, 31
三方晶系　5
散乱因子　93, 133
散乱ベクトル　86
実数成分　69
実　像　11, 13
斜方晶系　4, 20
周期構造　28
周期性　8
主　軸　14, 24
準結晶　7
消衰効果　123
晶　族　19, 24, 26, 35
焦電効果　45
消滅則　91, 96, 97, 100, 108
信頼度因子　123
スカラー三重積　87
スカラー積　85, 86
正方晶系　4, 20, 31, 32
絶対配置　122

た　行

対称心　20, 95
対称性　8, 100

対称操作　11
対称要素　11, 117
体心格子　31
縦　波　68
単位格子　30, 31
単斜晶系　3, 20, 31, 96, 97, 125
単純格子　30, 31
中心対称　100
中性子線　131, 135
中性子線回折　133
直方晶系　31
底面心格子　31, 32, 98
電子線　131
電子線回折　133
電磁波　68
電子密度分布　99, 108, 112
電子密度分布関数　91
等軸晶系　20
特性X線　49, 50, 122
時計回り　11

な　行

内　積　85, 86
2回軸　95

は　行

白色X線　49
反強磁性　135
反転操作　11, 12, 24, 26
反転対称　11
反時計回り　11
非中心対称　100
複合格子　29, 30, 97, 98
複素数　68
フラクショナル座標　86
ブラッグの式　62
ブラッグの条件　102
フラックパラメータ　122
ブラベ格子　26, 31, 35
フリードリッヒ　56
フーリエ級数　77
フーリエ係数　76
フーリエ積分　77
フーリエ変換　70, 72, 108
フリーデル則　95, 100

粉末回折　49, 136
粉末回折像　57
並進　29
並進操作　39
並進対称　38
平面波　111
ベクトル積　86
偏光因子　119
ペンローズ・タイル　7
ペンローズパターン　7
ペンローズ模様　23
放射光　50

ま 行

ミラー指数　58, 59, 67, 88, 94
面角一定の法則　2
面指数　63
面心格子　31, 98, 99
面心立方格子　99
モーズレー　49

モーズレーの法則　50

や 行

有理指数の法則　58
横波　68

ら 行

ラウエ　56
ラウエの条件　103
ラセミ結晶　123
らせん軸　39, 40
立方晶系　6, 20, 31, 32, 125
リートフェルト解析　136
菱面体晶系　20
レントゲン　47
六方晶系　5, 20, 31
ローレンツ因子　119

わ 行

ワイス指数　58
ワイセンベルグ法　104

アルファベット

acentric　118
Bravais, A.　31
crystal class　19
Escher, M. C.　7
Ewald, P. P.　56
Herman-Mauguin 記号　11, 15, 16, 17, 18, 24
Hund, F. H.　56
Knipping, P.　56
Laue, M.　56
Moseley, H. G. J. M　49
polar　118
Röntgen, W. C.　47
Schönflies 記号　24

著者紹介

宮前　博（みやまえ　ひろし）

- 1950 年生
- 1972　静岡大学理学部化学科卒
- 1978　東京大学大学院理学研究科博士課程修了
- 1978　城西大学理学部化学科助手
- 1981　同講師
- 1986　同助教授
- 2007　職名変更により，同准教授
- 2011　同教授

1984 年に米国ノースウエスタン大学に派遣研究員として 3 か月滞在
1988～1989 の 1 年間，オーストラリア国西オーストラリア大学に派遣研究員として滞在。
『基礎物理化学演習』（共著），三共出版

結晶化学への招待――結晶とX線

2015 年 4 月 10 日　初版第 1 刷発行

Ⓒ　著　者　宮　前　　博
　　発行者　秀　島　　功
　　印刷者　田　中　宏　明

発行所　三共出版株式会社

郵便番号 101-0051
東京都千代田区神田神保町 3 の 2
振替 00110-9-1065
電話 03-3264-5711　FAX 03-3265-5149
http://www.sankyoshuppan.co.jp

一般社団法人 日本書籍出版協会・一般社団法人 自然科学書協会・工学書協会　会員

Printed in Japan　　　印刷・製本　理想社

JCOPY 〈(社)出版者著作権管理機構 委託出版物〉

本書の無断複写は著作権法上での例外を除き禁じられています。複写される場合は，そのつど事前に，(社)出版者著作権管理機構(電話 03-3513-6969，FAX03-3513-6979，e-mail:info@jcopy.or.jp)の許諾を得てください。

ISBN 978-4-7827-0730-2